safeCreative

1 208220 666580

Registered works

ISBN: 9798829158057

Mantenimiento Mecatrónico

TPM, 5S, procedimiento, control, calidad, ejercicios

Edición EMD

Primera edición

Comunidad Europea

2021

Índice

Introducción

La mecatrónica es en esencia conocimiento y tecnología de carácter interdisciplinario que cubre los límites de frontera común entre la mecánica, la electrónica (microelectrónica), la computación (informática) y el control automatizado, con el propósito de desarrollar productos y procesos inteligentes. El desarrollo de nuevas tecnologías ha tenido un crecimiento exponencial en los últimos años y la mecatrónica se encuentra en un lugar privilegiado, ya que está en la punta del iceberg en esa área, desde la creación de brazos robóticos, máquinas lavadoras, elaboración de discos y sus reproductores, aeronaves y sus instrumentos para el vuelo; hasta robots para detección de materiales peligrosos y exploración espacial.

¿Qué es la mecatrónica?

La definición de mecatrónica propuesta por J.A. Rietdijk: La Mecatrónica es la combinación sinérgica de la ingeniería mecánica de precisión, de la electrónica, del control automático y de los sistemas para el diseño de productos y procesos para una producción con mayor plusvalía y calidad.

Ramas de la ingeniería que constituyen a la mecatrónica

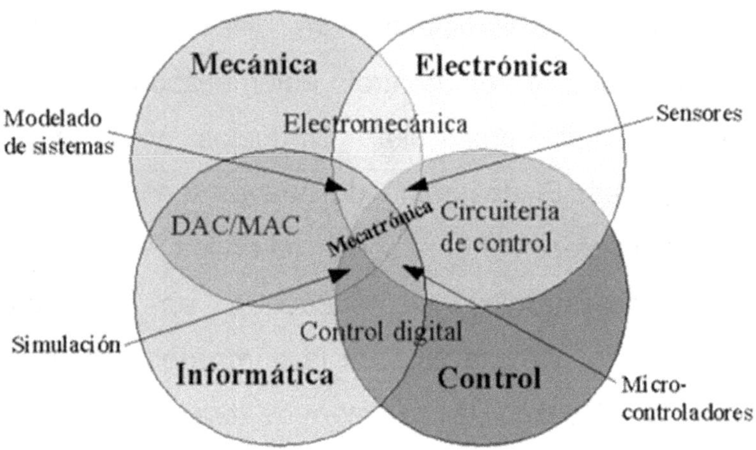

Sistema mecatrónico

Es un sistema digital que recoge señales (entradas), las procesa (control) y emite una respuesta por medio de actuadores (salidas), generando movimientos o acciones sobre el sistema en el que se va a actuar: Los sistemas mecatrónicos están integrados con sensores, microprocesadores y controladores.

Ejemplos de sistemas mecatrónicos

Robots, las máquinas controladas digitalmente, vehículos guiados automáticamente, módulos de máquinas-herramientas, reproductor CD/DVD, básculas electrónicas, copiadoras, impresoras, etc.

Diagrama de flujo del sistema mecatrónico

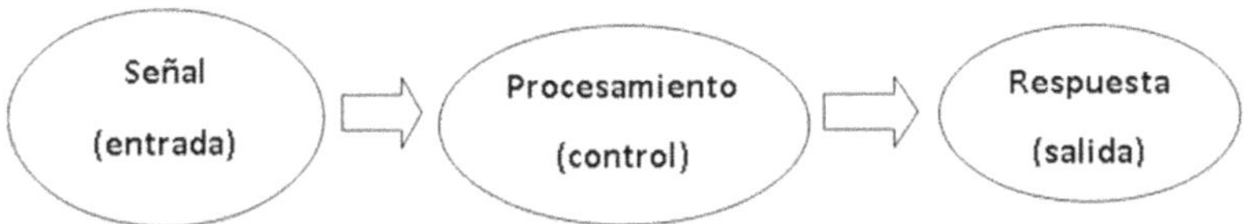

Elementos de entrada

- Teclado
- Potenciómetro
- Touch screen
- Sensor fotoeléctrico
- Sensor capacitivo
- Interruptor
  - De límite
  - De presión
  - Interruptor de proximidad
- Pulsadores
- Transductores

- De presión
- De temperatura
- Voltaje-corriente

- Micrófono
- Lápiz óptico
- Mouse
- Palanca
- Pedal

Elementos de control

- PLC
- SLC
- PIC's
- PLD
- Microprocesador
- Microcontrolador
- Circuito lógico
  - Timmer
  - Flip Flops
  - Compuertas lógicas
  - Contadores
  - Transistores
  - Triac, Diac, SCR

- Servoamplificador
- Convertidor D/A, F/V
- Relevadores
- Electroválvulas
- Temporizador

Elementos de salida

- Motor CD
- Motor CA
- Servomotor CD
- Servomotor CA
- Solenoide
- Motor hidráulico
- Cilindro hidráulico
- Actuadores Neumáticos
  - De efecto simple
  - De efecto doble
- Motores paso a paso
- Lámparas
- Bocinas
- Monitor

Historia

La palabra mecatrónica se puede dividir en meca de mecánica y trónica de electrónica, sin embargo, abarca otras áreas del conocimiento como los son el control y la computación.

Para estudiar la mecatrónica es indispensable conocer un poco acerca de la historia de cada una de las principales áreas que la componen.

Iniciando por la mecánica, la cual se puede decir que muestra sus primeros rastros en la edad de piedra con la fabricación de las primeras herramientas a base de sílex, posteriormente en el año 287-212 A.C. Arquímedes, matemático e inventor plantean la Ley de palanca, inventa la polea compuesta, la catapulta de espejos y el tornillo sin fin entre otros. Pero tal vez la ley planteada más conocida se conoce comúnmente como el principio de Arquímedes, la cual establece "que todo cuerpo sumergido en un fluido experimenta una pérdida de peso igual al peso del volumen del fluido que desaloja". Años más tarde llega Herón de Alejandría un matemático y físico en el año 20-62 D.C. quien escribió trece obras sobre mecánica, matemáticas y física e inventó varios aparatos novedosos como la eolipila: una máquina de vapor giratoria, la fuente de Herón: un aparato neumático que produce un chorro vertical de agua por la presión del aire y la dioptra: un primitivo instrumento geodésico usado para medir distancias en la tierra.

Posteriormente en la Edad Media en el siglo XV aparece Leonardo Da Vinci, arquitecto, escultor, ingeniero y sabio italiano, que además de sus obras artísticas como la Gioconda y La Ultima Cena entre las más célebres, se destacó por inventar máquinas ingeniosas como el traje de buzo y máquinas voladoras que para la época no tenían aplicación práctica inmediata.

El desarrollo de la mecánica con Kepler y Copérnico contribuyó posteriormente al desarrollo de la mecánica celeste, entiendo el movimiento de los cuerpos en el espacio. Luego las leyes del movimiento en la tierra en el siglo XVI con Galileo Galilei, astrónomo, matemático, filósofo y físico a quien se le atribuye la Ley del péndulo, la invención del telescopio, el estudio sobre la caída de cuerpos y dio algunos indicios acerca de la Ley gravitacional sin darle carácter de Ley universal. Posteriormente los experimentos de Galileo sobre cuerpos uniformemente acelerados condujeron a Newton a formular leyes fundamentales de movimiento de movimiento, como los son la 1ra. Ley de Newton que establece que "Todo cuerpo permanecerá en su estado de reposo o movimiento uniforme y rectilíneo a no ser que sea obligado por fuerzas impresas a cambiar su estado" y la 3ra. Ley de Newton que establece que "Con toda acción ocurre siempre una reacción igual y contraria; las acciones mutuas de dos cuerpos siempre son iguales y dirigidas en sentidos opuestos". Y por último plantea la 2da. Ley de Newton que establece que "El cambio de movimiento es proporcional a la fuerza motriz impresa y ocurre según la línea recta a lo largo de la cual aquella fuerza se imprime", esta ley explica las condiciones necesarias para modificar el estado de movimiento o reposo de un cuerpo. Según Newton estas modificaciones sólo tienen lugar si se produce una interacción entre dos cuerpos, entrando o no en contacto y se expresa mediante la famosa ecuación. Una vez conocidas la historia de todas estas teorías planteadas, se puede pretender definir la mecánica como la rama de la física que estudia los cuerpos en reposo o en movimiento bajo la acción de cargas.

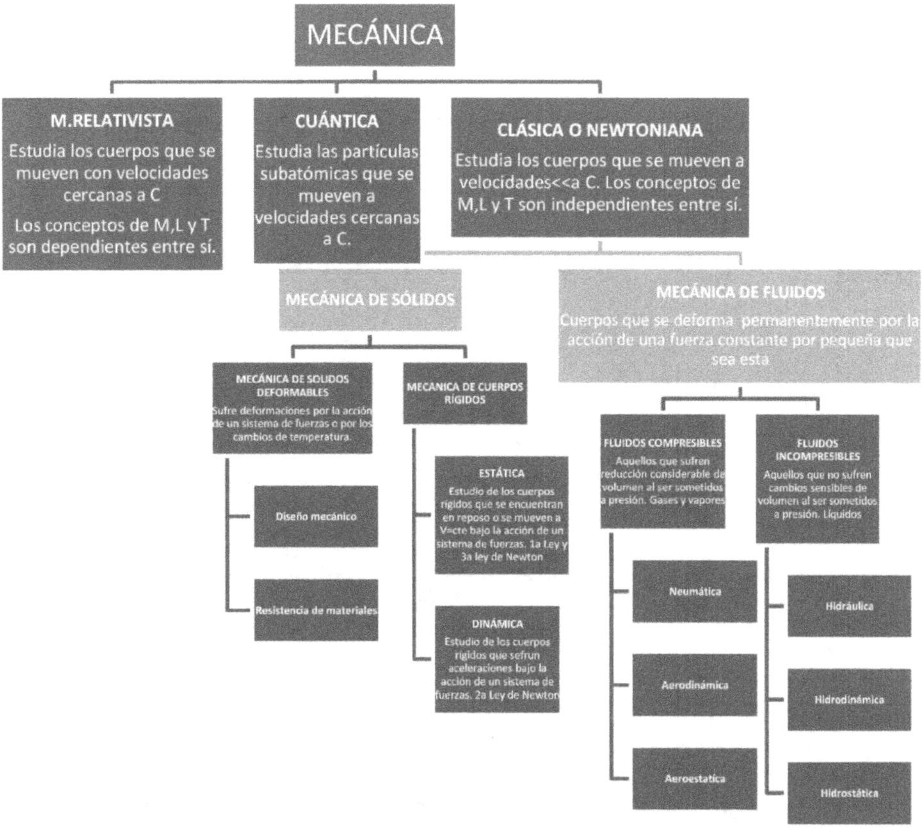

Clasificación de la Mecánica

Electrónica: rama de la física que estudia el movimiento de los electrones en un conductor o en un semiconductor.

Lo que quiere decir que aprovecha los fenómenos provocados por el flujo de electrones entre dos cuerpos con cargas eléctricas opuestas para aplicarlos en la transmisión y manipulación de la información.

La electrónica se divide en dos ramas fundamentales; analógica y digital.

Ramas fundamentales de la electrónica

La electrónica analógica es la que obtiene, manipula, transmite y reproduce la información de forma que en cualquier parte del proceso la señal es una imagen fiel del original.

En electrónica análoga son tres los dispositivos básicos utilizados; las resistencias, los condensadores y los basados en semiconductores como los diodos y transistores.

Las resistencias, como su propio nombre lo indica, se oponen al paso de la corriente eléctrica y ayuda a limitar la corriente que fluye en el circuito cuando se le aplica un voltaje determinado.

Los condensadores son capaces de almacenar una pequeña cantidad de energía, por lo que inicialmente se usaron para equilibrar las cargas eléctricas existentes en el circuito, aunque su ámbito de aplicación se ha ampliado en la electrónica digital a la de almacenes de información.

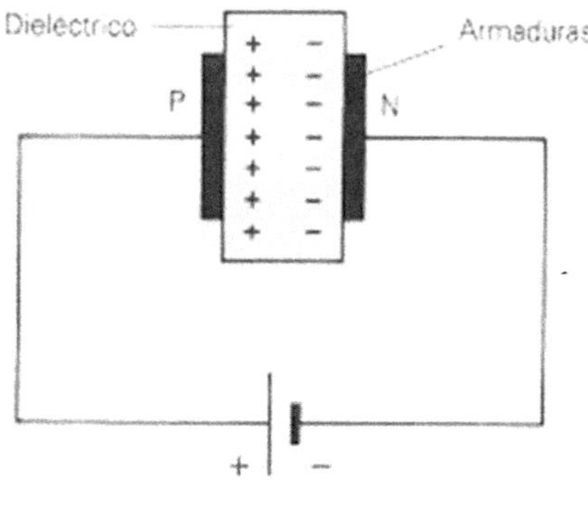

Condensador

Y, por último, los diodos son utilizados aprovechando su capacidad de permitir el paso de la corriente eléctrica en un solo sentido, mientras que los transistores permiten controlar el paso de la corriente.

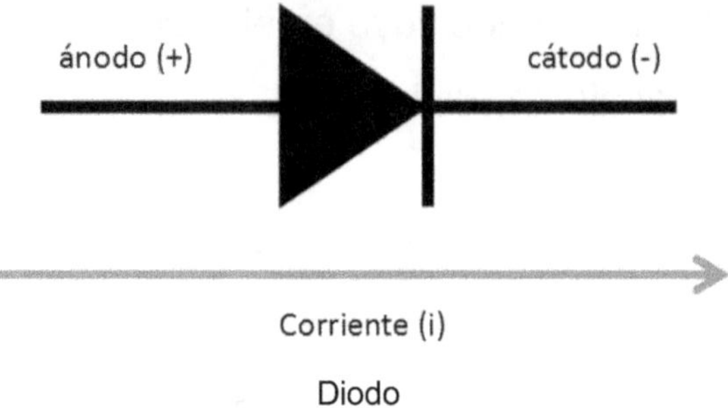

Diodo

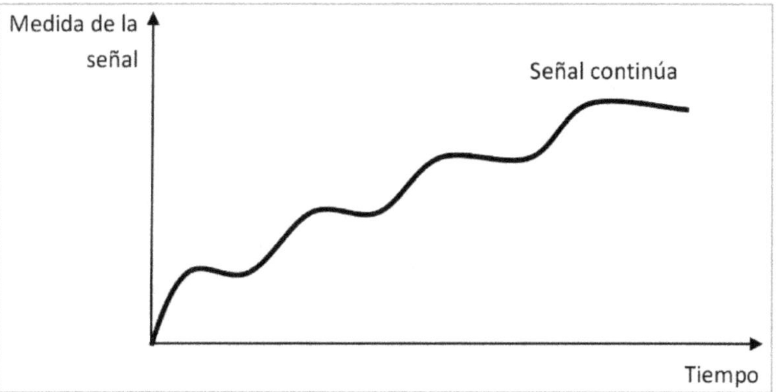

Figura característica de una señal análoga

Un ejemplo típico sería la radio; mediante un micrófono se convierte el sonido (el movimiento ondulatorio del aire) en una corriente eléctrica que inyectada en un aparato emisor, es trasladada desde el ancho de banda de la voz humana (de 5 Hercios a 20 Kilohercios) hasta las frecuencias muy superiores del espectro electromagnético, que pueden ser emitidas desde la antena de la emisora. Estas ondas electromagnéticas son recibidas por cualquier receptor, que las vuelve a trasladar al espectro de audición humana, las pasa por un amplificador enviando el resultado a un altavoz, que mueve el aire en contacto con su membrana produciendo sonido. En todo este proceso no se ha modificado en ningún momento la forma de la señal, aunque se haya manipulado para facilitar su transporte, tratando con una amplia gama de formas e intensidad de señales.

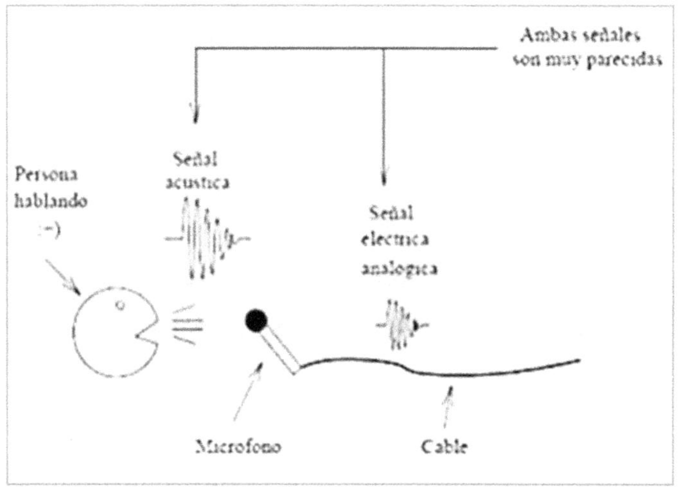

Señal acústica convertida en señal eléctrica

Por el contrario, en la electrónica digital se trata únicamente con dos valores, que vienen a reducirse a la existencia o no de carga eléctrica. Para que esto pueda ser posible cualquier clase de señal ha de ser convertida en una secuencia de números; ha de ser digitalizada, de modo que lo que se transmitan y manipulen sean los valores numéricos.

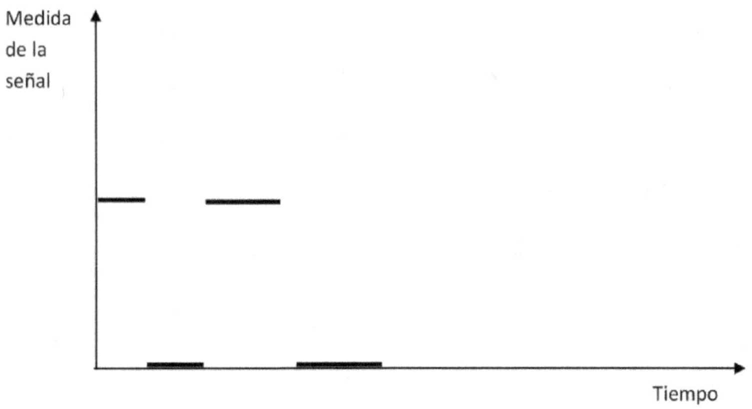

Figura característica de una señal discreta

En el caso de la música, supongamos que se quiere limpiar la fritura de un viejo disco de vinilo para publicarlo en CD. Digitalizada la música (esto es descrita la señal mediante un código binario), se considera como ruido todas las señales que superen una cierta intensidad y duración, y, por lo tanto, estén descritos mediante una corta secuencia de valores muy elevados, por ejemplo, tres valores consecutivos mayores que 200. Lo que se hace entonces es examinar la serie numérica en la que se ha convertido la música limpiando todas las secuencias de tres números de valores superiores a 200. Una vez hecho esto se guarda la secuencia numérica en un CD lista para ser reproducida.

Historia del transistor

El transistor es un dispositivo electrónico semiconductor que cumple funciones de amplificador, oscilador, conmutador o rectificador.

La fecha exacta fue 16 de diciembre de 1947, cuando William Shockley, John Bardeen y Walter Brattain armaron el primer transistor. Poco después, un computador compuesto por estos transistores pesaba unas 28 toneladas y consumía alrededor de 170 MW de energía.

Más adelante Bell Labs convertía esos transistores de tubos en interruptores eléctricos, desatando una serie de pujas y rivalidades entre los involucrados en el tema. Pero lo cierto es, que, gracias a este trascendental invento, hoy en día puede usted leer esta información en una pantalla de computadora.

El desarrollo de la electrónica y de sus múltiples aplicaciones fue posible gracias a la invención del transistor, ya que este superó ampliamente las dificultades que presentaban sus antecesores, las válvulas. En efecto, las válvulas, inventadas a principios del siglo XX, habían sido aplicadas exitosamente en telefonía como amplificadores y posteriormente popularizadas en radios y televisores. Sin embargo, presentaban inconvenientes que tornaban impracticables algunas de las aplicaciones que luego revolucionarían nuestra sociedad del conocimiento. Uno de sus mayores inconvenientes era que consumían mucha energía para funcionar. Esto era causado porque las válvulas calientan eléctricamente un filamento (cátodo) para que emita electrones que luego son colectados en un electrodo (ánodo), estableciéndose así una corriente eléctrica. Luego, por medio de un pequeño voltaje (frenador), aplicado entre una grilla y el cátodo, se logra el efecto amplificador, controlando el valor de la corriente, de mayor intensidad, entre cátodo y ánodo.

Los transistores, desarrollados en 1947 por los físicos Shockley, Bardeen y Brattain, resolvieron todos estos inconvenientes y abrieron el camino, mismo que, junto con otras invenciones –como la de los circuitos integrados– potenciarían el desarrollo de las computadoras. Y todo a bajos voltajes, sin necesidad de disipar energía (como era el caso del filamento), en dimensiones reducidas y sin partes móviles o incandescentes que pudieran romperse.

El filamento no sólo consumía mucha energía, sino que también solía quemarse, o las vibraciones lograban romperlo, por lo que las válvulas terminaban resultando poco confiables.

Además, como era necesario evitar la oxidación del filamento incandescente, la válvula estaba conformada por una carcasa de vidrio, que contenía un gas inerte o vacío, haciendo que el conjunto resultara muy voluminoso.

Los transistores se basan en las propiedades de conducción eléctrica de materiales semiconductores, como el silicio o el germanio.

Particularmente, el transporte eléctrico en estos dispositivos se da a través de junturas, conformadas por el contacto de materiales semiconductores, donde los portadores de carga son de distintos tipos: Huecos (tipo P) o electrones (tipo N).

Las propiedades de conducción eléctrica de las junturas se ven modificadas dependiendo del signo y de la magnitud del voltaje aplicado, donde, en definitiva, se reproduce el efecto amplificador que se obtenía con las válvulas: Operando sobre una juntura mediante un pequeño voltaje se logra modificar las propiedades de conducción de otra juntura próxima que maneja un voltaje más importante.

Los diez años posteriores a la invención del primer transistor vieron enormes adelantos en este campo:

- Se inventaron distintos tipos de transistores (de punto, de juntura, de campo), basados en distintas propiedades básicas;

- Se emplearon distintos materiales, inicialmente el germanio (1948) y posteriormente el silicio (1954), el cual domina la industria semiconductora de la actualidad;

- Se logró construir una gran cantidad de transistores, otros elementos y los circuitos para acoplarlos directamente sobre una oblea de silicio, a lo que se le dio el nombre de circuito integrado (1958).

En estos primeros circuitos integrados, los transistores tenían dimensiones típicas de alrededor de 1 cm. En 1971 el microprocesador de Intel 4004 tenía unos 2000 transistores, mientras que hoy en día, un "viejo" Pentium IV tiene unos 10 millones de transistores, con dimensiones típicas de alrededor de

0.00001 cm. Desde 1970, cada año y medio aproximadamente, las dimensiones de los transistores se fueron reduciendo a la mitad (Ley de Moore). Si se los hace aún más pequeños, usando la tecnología actual, dejarán de funcionar como esperamos, ya que empezarán a manifestarse las leyes de la mecánica cuántica. Para seguir progresando, se ha concebido una nueva generación de microprocesadores basados en las propiedades que la materia manifiesta en las escalas nanométricas.

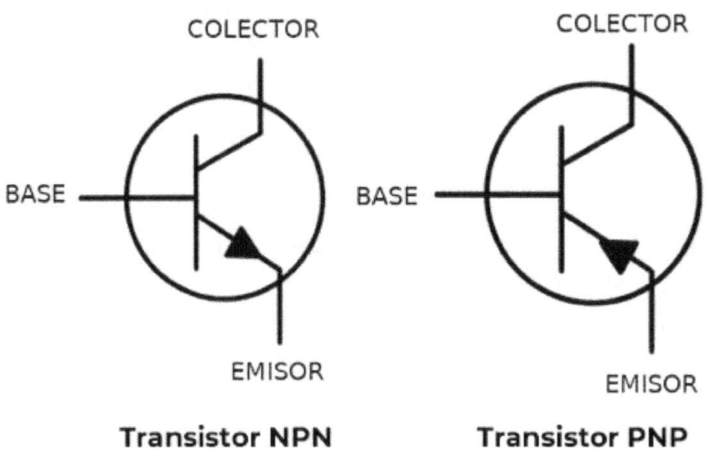

Transistor. Tipos

Todos estos desarrollos respondieron en cada caso al intento de resolver un problema concreto atacado tanto del punto de vista teórico como experimental. Muchos de los físicos que participaron en esta aventura del transistor y en sus desarrollos posteriores dieron lugar al nacimiento de nuevas invenciones (y de empresas como Texas Instruments, Intel y AMD) que hoy día dominan la escena en la que se desarrollan las tecnologías de información y comunicaciones.

Control

Es el uso de elementos sistemáticos (como control numérico (NC), controladores lógicos programables (PLC) y otros sistemas de control industrial) relacionados con otras aplicaciones de la tecnología de la información (como son tecnologías de ayuda por computador [CAD, CAM, CAx], para el control industrial de maquinaria y procesos, reduciendo la necesidad de intervención humana.

1ra. Revolución industrial: Revolución industrial (mediados siglos XVIII-comienzos siglo XIX) relacionado con la mecanización de las industrias-hierro-máquina de vapor, se caracterizó por la aparición de los primeros sistemas de control netamente mecánicos.

- Apareció la división del trabajo.

- Desarrollo de la sociedad (especialidades).

- Aumento cantidad y calidad de los productos.

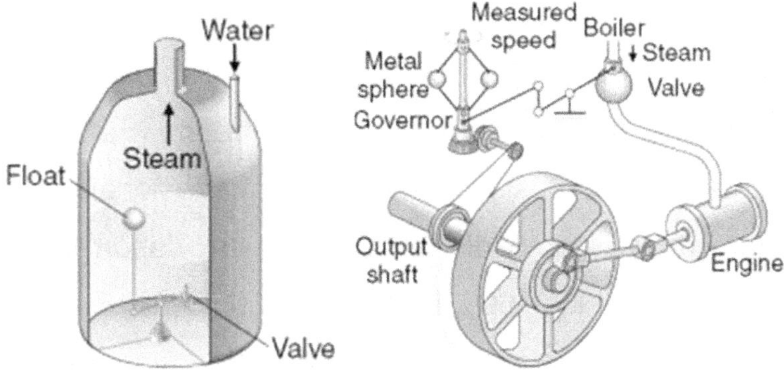

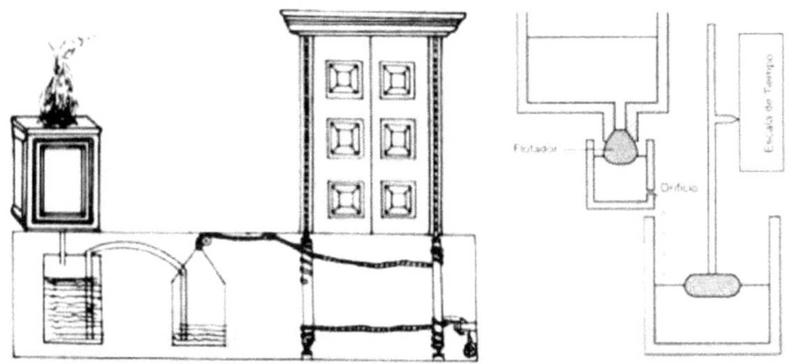

Control de nivel, máquina de vapor con control mecánico de velocidad, mecanismo de Herón, reloj de agua de Tsibios.

2da. Revolución industrial: Apareció el transistor semiconductor. Computador digital

3ra. Revolución: Era de la información. Definición mecatrónica y componentes de un sistema mecatrónico. La palabra "mecatrónica" surge en 1972 en Japón como una marca comercial registrada de la firma Yaskawa Electric, Co, aunque el Dr. Seiichi Yaskawa la comenzó a utilizar desde 1969 en diferentes eventos y conferencias internacionales. La mecatrónica como disciplina nació en: Japón en la década de los 60, luego se dirigió a Europa, posteriormente a EEUU y luego entró a sur América por Brasil.

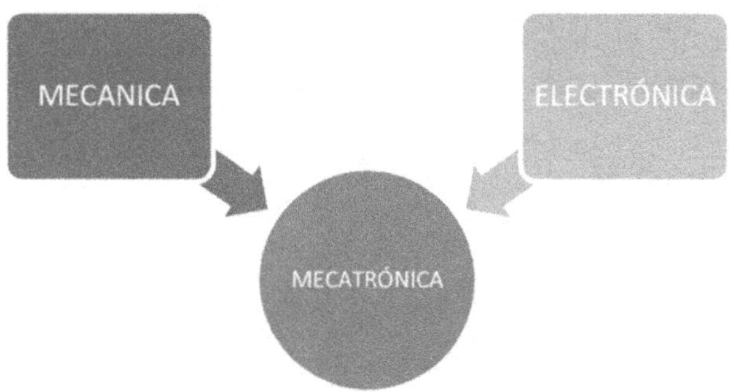

Surgimiento de la palabra mecatrónica

Inicialmente la definición de Mecatrónica se relacionó directamente con la mecánica y la electrónica, pero con la evolución de otras disciplinas y la integración de estas al concepto surgieron varios significados, entre los cuales los más comunes son:

- Integración cinegética de la ingeniería mecánica con la electrónica y con el control de computadores inteligentes para el diseño y la manufactura de productos y procesos.
- Integración de componentes mecánicos y electrónicos.
- coordinados por una arquitectura de control.
- Mecatrónica es una metodología usada para el diseño.
- óptimo de productos electromecánicos (1997).
- Un sistema mecatrónico no es solo un matrimonio de sistemas eléctricos, mecánicos y de sistemas de control, es la integración de todos ellos.

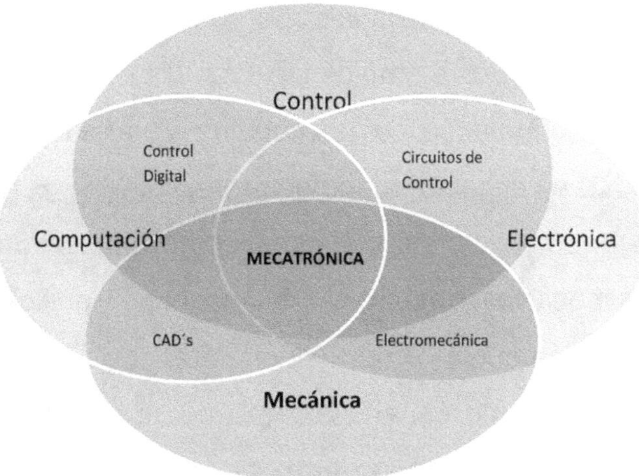

Integración sinérgica de diferentes disciplinas.

Áreas de desempeño de la mecatrónica

El estudio de los sistemas mecatrónicos puede ser divido en 5 grandes áreas.

- Modelado de sistemas físicos.

- Sensores y actuadores.

- Sistemas y señales.

- Computadores y sistemas lógicos.

- Software y adquisición de datos.

A finales de 1970, la Sociedad Japonesa para la Promoción de la Industria de Máquinas (JSPMI) clasificó los productos mecatrónicos en cuatro categorías:

Clase I: En primer lugar, los productos mecánicos con dispositivos electrónicos incorporados para mejorar la funcionalidad. Los ejemplos incluyen las herramientas de control numérico de la máquina y variadores de velocidad en el sector manufacturero.

Clase II: Los sistemas tradicionales de mecánico con los dispositivos internos de manera significativa actualización que incorpora electrónica.

Las interfaces de usuario externo no se alteran. Los ejemplos incluyen la costura moderna máquinas y sistemas automatizados de fabricación.

Clase III: Los sistemas que mantienen la funcionalidad del sistema mecánico tradicional, pero mecanismos internos son reemplazados por la electrónica. Un ejemplo es el reloj digital.

Clase IV: Los productos diseñados con las tecnologías mecánicas y electrónicas a través de sinergias integración. Los ejemplos incluyen fotocopiadoras, lavadoras y secadoras inteligentes, ollas arroceras, y hornos automáticos.

Diseño mecatrónico, componentes de un sistema mecatrónico y campos de aplicación

Cuando se habla de diseño en mecatrónica se debe diferenciar entre los conceptos de diseño secuencial y diseño concurrente.

El diseño secuencial está relacionado directamente con una investigación multidisciplinaria, en la que intervienen varias disciplinas, pero no interactúan.

Como su nombre lo indica corresponde a someter a un producto a pasar por una serie de etapas en las que se definen sus características mecánicas, eléctricas y de control.

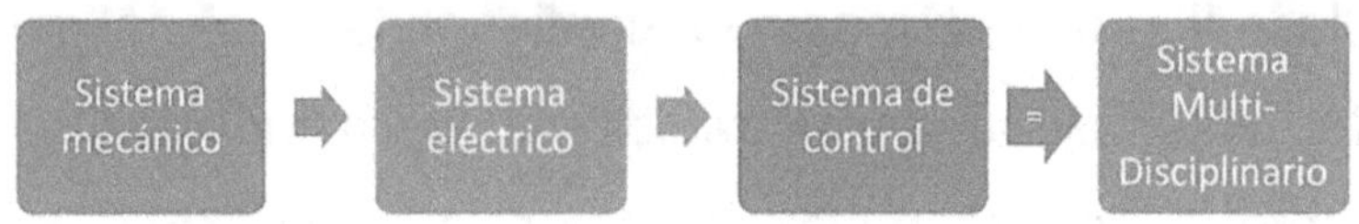

Mientras que el diseño concurrente, está directamente relacionado con una investigación interdisciplinaria, en la que intervienen simultáneamente e interactúan varias disciplinas que permiten la optimización del diseño.

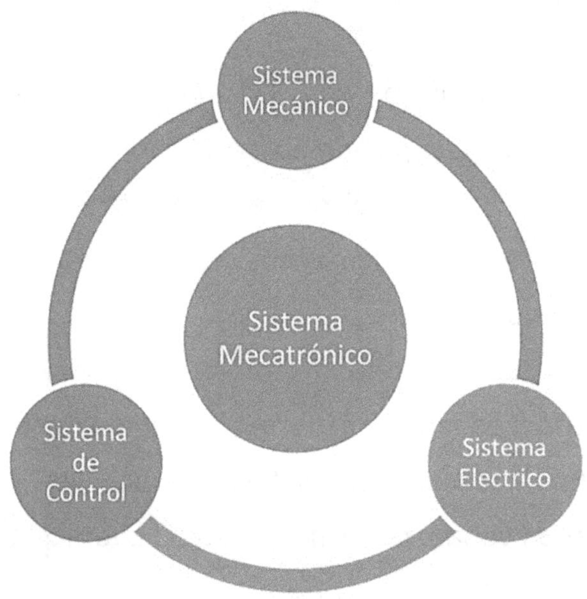

Campos de aplicación de la Mecatrónica

Dentro del campo de aplicación de la Mecatrónica se tiene:

- Departamentos de ingeniería de diseño.

- Desarrollo, operación y mantenimiento de equipos automáticos.

- Optimización de procesos.

- Desarrollo de nuevos procesos.

- Responsable de áreas de: producción, ingeniería, mantenimiento, capacitación.

- Investigación científica y tecnológica.

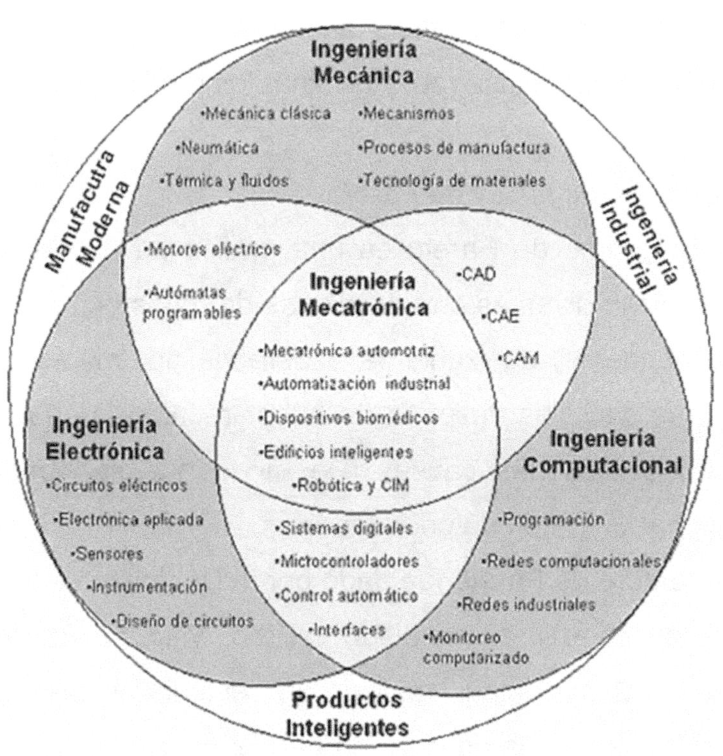

Reporte estadístico de mantenimiento

Es el reporte que indica las incidencias de fallas en los equipos a los cuales se les da mantenimiento. Es importante mencionar que, para poder realizar un reporte estadístico, antes debe existir información emanada de formatos como son; ordenes de trabajo, reportes de falla, reportes de servicio, bitácoras de mantenimiento, check list, etc. Con esta información y herramientas estadísticas se inicia el análisis para determinar la causa raíz y eliminar los problemas.

Concepto de la Ley de Pareto

El Diagrama de Pareto es una gráfica en donde se organizan diversas clasificaciones de datos por orden descendente, de izquierda a derecha por medio de barras sencillas después de haber reunido los datos para calificar las causas. De modo que se pueda asignar un orden de prioridades.

El nombre de Pareto fue dado por el Dr. Joseph Juran en honor del economista italiano Vilfredo Pareto (1848-1923) quien realizó un estudio sobre la distribución de la riqueza, en el cual descubrió que la minoría de la población poseía la mayor parte de la riqueza y la mayoría de la población poseía la menor parte de la riqueza. Con esto estableció la llamada "Ley de Pareto" según la cual la desigualdad económica es inevitable en cualquier sociedad.

El Dr. Juran aplicó este concepto a la calidad, obteniéndose lo que hoy se conoce como la regla 80/20. Según este concepto, si se tiene un problema con muchas causas, podemos decir que el 20% de las causas resuelven el 80% del problema y el 80% de las causas solo resuelven el 20% del problema.

Ejemplo de un diagrama de Pareto 80 / 20

La Cía. reúne la información de fallas del último mes de un centro de maquinados encontrando lo siguiente:

Tipo de defecto	Descripción del problema
1	Descompostura por manejo inadecuado
2	Vibraciones
3	Fallas en el sistema de control
4	Desgaste de las herramientas de corte
5	Sobrecargas (otros)

Descripción de la falla incluyendo frecuencia

Falla	Descripción de la falla	No. De fallas (Frecuencia)
1	Descompostura por manejo inadecuado	22
2	Vibraciones	15
3	Fallas en el sistema de control	14
4	Desgaste de las herramientas de corte	7
5	Sobrecargas (otros)	2
	Total	60

Descripción de la falla en orden descendente, incluyendo % de frecuencia.

Para calcular % de frecuencia se hace una regla de 3. Si 60 es 100%, entonces 22.

¿Qué porcentaje es?   %22 = (22 x 100%) / 60 = 37 %. Y así continuamos con cada una.

Falla	Descripción de la falla	No. De fallas (Frecuencia)	% de Frecuencia
1	Descompostura por manejo inadecuado	22	37
2	Vibraciones	15	25
3	Fallas en el sistema de control	14	23
4	Desgaste de las herramientas de corte	7	12
5	Sobrecargas (otros)	2	3
	Total	60	100

Descripción de la falla en orden descendente, incluyendo % de frecuencia y % acumulado.

Para hacer el acumulado de frecuencia.

El primer renglón pasa directo (37). En el segundo le sumamos el porcentaje que corresponde a 15 fallas (25%); es decir 37 + 25 = 62.

Y así hasta terminar con el último porcentaje.

Falla	Descripción de la falla.	No. De fallas (Frecuencia)	% de Frecuencia	% Acumulado de frecuencia
1	Descompostura por manejo inadecuado	22	37	37
2	Vibraciones	15	25	62
3	Fallas en el sistema de control	14	23	85
4	Desgaste de las herramientas de corte	7	12	97
5	Sobrecargas (otros)	2	3	100
	Total	60	100	

Con esta información ya podemos graficar el número de fallas contra el acumulado de frecuencia.

No olvidemos que la razón de elaborar este diagrama es encontrar el 80 % del problema.

Diagrama de Pareto

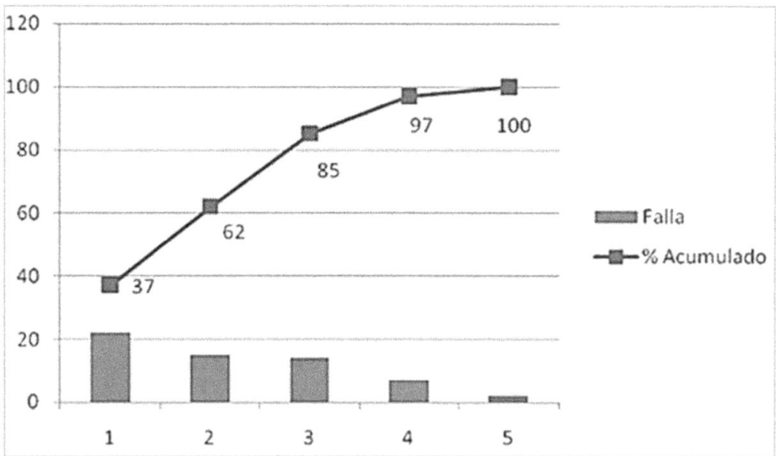

Esta es la misma gráfica, pero el ancho de columnas debe ser pegada una de otra en la misma proporción, para eliminar la duda en cuanto a cuáles debo de tomar para tener mi 80% del problema.

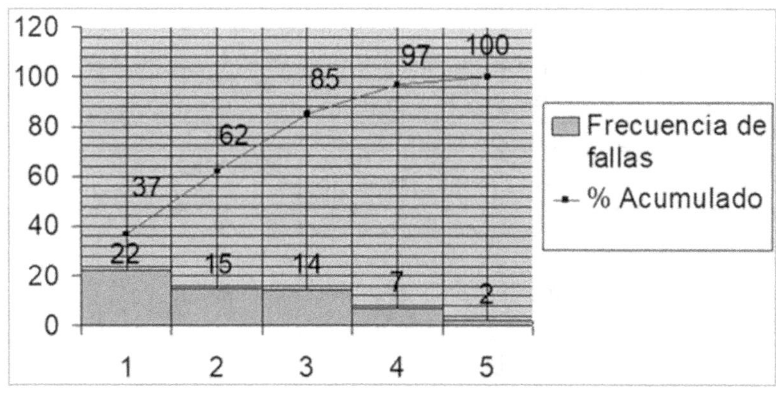

Como se puede apreciar en la gráfica las primeras columnas corresponden al 80% del problema, por lo tanto, me debo de enfocar en resolver estos tres tipos de fallas.

<u>Fallas - Probable causa</u>

– Descompostura por manejo inadecuado - Operadores de nuevo ingreso.

– Vibraciones - Soportes dañados.

– Fallas en el sistema de control - Alimentos líquidos en áreas de trabajo.

Plan de acción para la solución de problemas

Este plan de acción se debe revisar al menos cada semana para verificar el avance.

CAUSA	SOLUCION	RESPONSABLE	FECHA	AVANCE			
				25	50	75	100
Operadores de nuevo ingreso	Dar capacitación al personal	Jefe de entrenamiento	Tres semanas				
Soportes dañados	Reemplazar soportes	Jefe de Mantenimiento	Tres días				
Alimentos en áreas de trabajo	No introducir alimentos en áreas de trabajo	Protección (todos debemos contribuír)	Inmediato				

Procedimiento del Mantenimiento

Cuando se pone en práctica una política de mantenimiento, esta requiere de la existencia de un Plan de Operaciones, el cual debe ser conocido por todos y debe haber sido aprobado previamente por las autoridades de la organización. Este Plan permite desarrollar paso a paso una actividad programa en forma metódica y sistemática, en un lugar, fecha, y hora conocida.

A continuación, se enumeran algunos puntos que el Plan de Operaciones no puede omitir:

- Determinación del personal que tendrá a su cargo el mantenimiento, esto incluye, el tipo, especialidad, y cantidad de personal.
- Determinación del tipo de mantenimiento que se va a llevar a cabo.
- Fijar fecha y el lugar donde se va a desarrollar el trabajo.
- Fijar el tiempo previsto en que los equipos van a dejar de producir, lo que incluye la hora en

que comienzan las acciones de mantenimiento, y la hora en que deben de finalizar.

- Determinación de los equipos que van a ser sometidos a mantenimiento, para lo cual debe haber un sustento previo que implique la importancia y las consideraciones tomadas en cuenta para escoger dichos equipos.
- Señalización de áreas de trabajo y áreas de almacenamiento de partes y equipos.
- Stock de equipos y repuestos con que cuenta el almacén, en caso sea necesario reemplazar piezas viejas por nuevas.
- Inventario de herramientas y equipos necesarios para cumplir con el trabajo.
- Planos, diagramas, información técnica de equipos.
- Plan de seguridad frente a imprevistos.

Luego de desarrollado el mantenimiento se debe llevar a cabo la preparación de un Informa de lo actuado, el cual entre otros puntos debe incluir:

- Los equipos que han sido objeto de mantenimiento.

- El resultado de la evaluación de dichos equipos.
- Tiempo real que duro la labor.
- Personal que estuvo a cargo.
- Inventario de piezas y repuestos utilizados.
- Condiciones en que responde el equipo (reparado) luego del mantenimiento.
- Conclusiones.

En una empresa existen áreas, una de las cuales se encarga de llevar a cabo las operaciones de planeamiento y realización del mantenimiento, esta área es denominada comúnmente como departamento de mantenimiento, y tiene como deber principal instalar, supervisar, mantener, y cuidar las instalaciones y equipos que conforman la fábrica.

El departamento de mantenimiento a su vez divide sus responsabilidades en varias secciones, así tenemos, por ejemplo:

- Sección Mecánica: Conformada por aquellos encargados de instalar, mantener, y reparar las maquinarias y equipos mecánicos.
- Sección Eléctrica: Conformada por aquellos encargados de instalar, mantener, y reparar los

mandos eléctricos, generadores, subestaciones, y demás dispositivos de potencia.

- Sección Electrónica: Conformada por aquellos encargados del mantenimiento de los diversos dispositivos electrónicos.

- Sección Informática: Tienen a su cargo el mantener en un normal desarrollo las aplicaciones de software.

- Sección Civil: Conformada por aquellos encargados del mantenimiento de las construcciones, edificaciones y obras civiles necesarias para albergar a los equipos.

Procedimiento del mantenimiento

-Objetivo: Este procedimiento establece las acciones a seguir cuando un equipo falla y no puede seguir operando

-Alcance: Dar un mejor servicio al área de operación.

Descripción

Este procedimiento establece las acciones que se deben seguir para realizar mantenimiento correctivo por parte del departamento de mantenimiento cuando un equipo falle.

Definiciones

ME: Mantenimiento menor. Un desajuste el cuál no necesita refacciones.

MA: Mantenimiento mayor. Mantenimiento que requiere refacciones y necesita requisición para sacarlas de almacén.

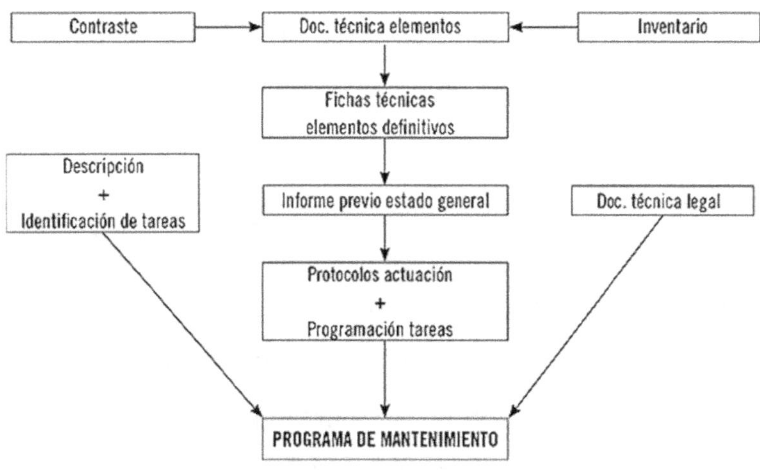

Formatos de mantenimiento

Es un documento escrito en el cual se indican las principales características de un proceso de mantenimiento, de tal forma que todo aquel que tenga acceso al formato pueda llegar a formarse una impresión bastante precisa del proceso.

Formatos de mantenimiento con el enfoque ISO 9000
¿Qué significa ISO?
International Standarization Organization.
(Organización Internacional para la estandarización).
Son normas de "calidad" y "gestión continua de calidad", establecidas por el ISO que se pueden aplicar en cualquier tipo de organización o actividad sistemática, que esté orientada a la producción de bienes o servicios.

Formatos de mantenimiento
Se componen de estándares y guías relacionados con sistemas de gestión y de herramientas específicas como los métodos de auditoría (el proceso de verificar que los sistemas de gestión cumplen con el estándar).

Su implantación en estas organizaciones, aunque supone un duro trabajo, ofrece una gran cantidad de ventajas para las empresas.

Beneficios de implantar ISO 9000

Mejorar la satisfacción del cliente.

Mejorar continuamente los procesos relacionados con la Calidad.

Reducción de rechazos e incidencias en la producción o prestación del servicio.

Aumento de la productividad.

Administración Global ISO9000

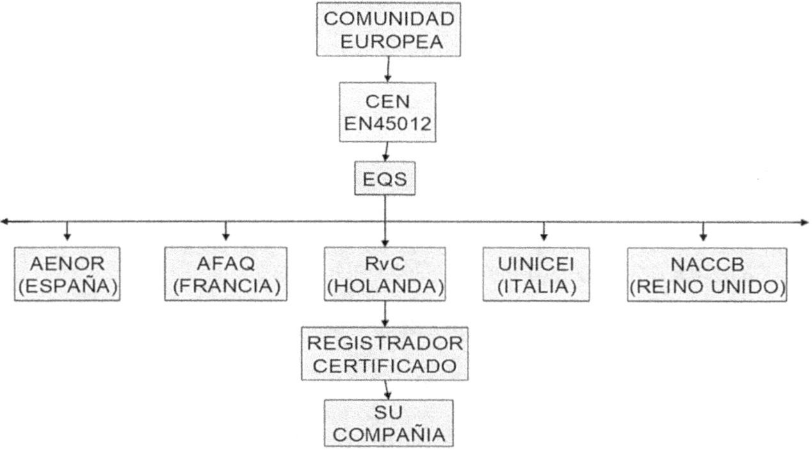

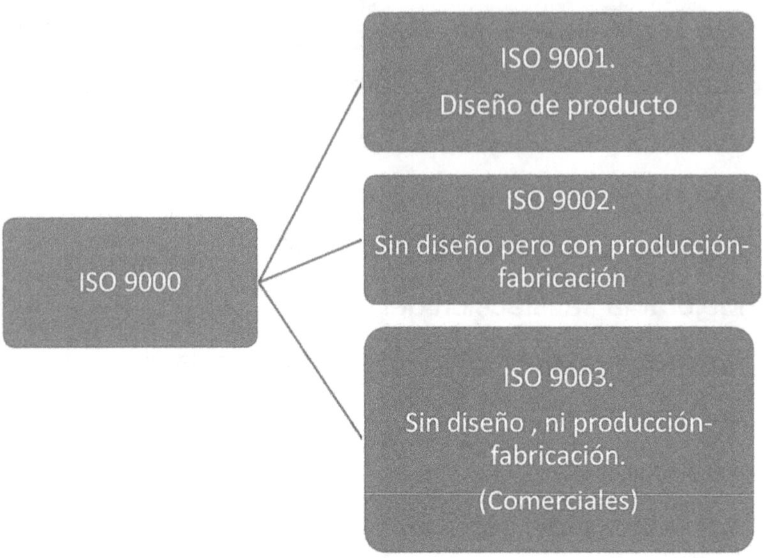

¿Qué es la Norma ISO 9001?

Es una Norma que ha sido elaborada por el Comité Técnico ISO/TC176 de ISO, especifica los requisitos para un sistema de gestión de la calidad que pueden utilizarse para su aplicación interna por las organizaciones, para certificación o con fines contractuales.

¿Cuándo nació la Norma ISO 9001?

Primera versión: ISO 9001:87 - ISO 9002:87 - ISO 9003:87. Nació en la comunidad europea el 15 de marzo de 1987. Actualmente su base está en Ginebra, Suiza. Agrupa alrededor de 130 países.

Cuando una empresa decide Certificarse en ISO 9000. Implanta un Sistema de Gestión de la Calidad en el cual establece los lineamientos que el personal debe seguir; Para administrar el proceso se elabora un manual de calidad, procedimientos, registros e instructivos.

Con esta documentación se programa una auditoría y si se cumplen las metas propuestas se obtiene la certificación.

El certificado debe cuidarse ya que con él compruebas que los productos que produces tienen la misma calidad que cualquier otro país del mundo Certificado y te hacen más competitivo junto a empresas que no tengan ISO 9000.

¿Qué es Gestión de la Calidad?

Determina e implanta la política de calidad que incluye la planeación estratégica, la asignación de recursos y otras acciones sistemáticas en el campo de la calidad, tales como la planeación de la calidad, desarrollo de actividades operacionales y de evaluación relativas a la calidad.

Todo esto de resume, en una palabra, que es: administración.

¿Qué es un Manual de Calidad?

Es un documento en el cual se describe la política y los objetivos de calidad, así como una visión muy general del Sistema de Gestión de la Calidad de la empresa.

¿Qué es un Procedimiento documentado?

Es el modo ejecutar determinadas acciones que suelen realizarse de la misma forma, con una serie común de pasos claramente definidos, que permiten realizar una ocupación o trabajo y se pone por escrito. Describen cómo, cuándo, dónde y quién debe realizar cada una de las actividades de la empresa.

¿Qué es un Instructivo de trabajo?

Es un documento que describe la forma técnica de cada una de las acciones que componen una actividad o tarea. Suelen ser instrucciones operativas, manuales de usuario, etc.

¿Qué es un registro de calidad?

Es un documento que proporciona la evidencia de la conformidad con los requisitos, así como de la operación eficaz de Sistema de Gestión de la Calidad.

Por ejemplo: Toma de temperaturas, presiones, check list de maquinaria, ordenes de trabajo, etc.

55

Secuencia de información de los formatos

Mantenimiento estratégico
(Centrado en el riesgo)

Principios básicos del control de procesos industriales

Los procesos son normalmente afectados por un sin fin de razones, ocasionando que en la mayoría de las veces los resultados deseados no sean alcanzados, o sean alterados.

Las variaciones en si pueden, a su vez, presentarse de varias maneras, lo que requerirá consideraciones particulares a cada caso.

Los procesos, por lo tanto, requieren usualmente ser controlados según distintos criterios, entre los cuales se pueden destacar:

- Eliminar o reducir el error humano;
- Reducir el trabajo y sus costos, que tienden a elevar el precio de los productos o servicios;
- Minimizar el consumo de energía;
- Reducir el tamaño de plantas;
- Reducir almacenamientos intermedios;
- Respetar los reglamentos ambientales;
- Alcanzar y/o mantener un resultado deseado.

Dos conceptos constituyen la base de la mayoría de las estrategias de control: retroalimentación (feedback) y anticipativo (feedforward).

La retroalimentación es la técnica más comúnmente usada, siendo el concepto sobre el cual la mayor parte de la teoría de control se encuentra basada. El control mediante la retroalimentación, es la estrategia desarrollada para alcanzar y mantener una condición en el proceso, comparar la condición medida con la condición deseada e iniciar la acción correctiva basada en la diferencia: entre la condición deseada y la condición actual.

La estrategia de retroalimentación es muy similar a las acciones del operador humano tratando de controlar un proceso manualmente.

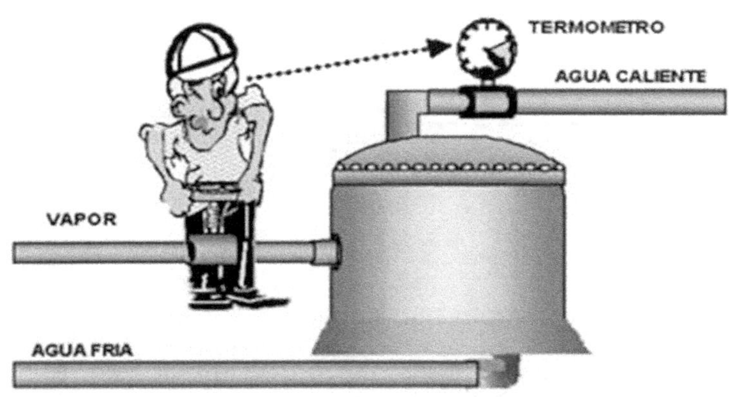

Control manual del proceso

En el ejemplo mencionado, el operador leería el indicador de temperatura de la línea de agua caliente y la compararía con el valor de la temperatura deseada. Si la temperatura del agua fuese muy elevada, él reduciría el flujo de vapor, y si la temperatura fuese muy baja él la aumentaría. Usando esta estrategia, el operador manipularía el vapor hasta que el error fuese eliminado.

En un sistema de control automático la retroalimentación operaría de la misma manera -

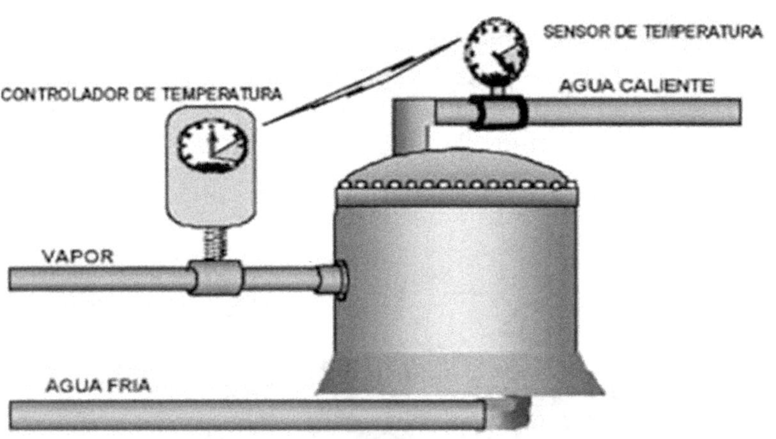

Control automático del proceso

La temperatura del agua caliente sería medida y una señal sería dada para su retroalimentación a un dispositivo, que compararía la temperatura medida con la deseada. Si existiese un error, una señal sería emitida, para modificar la posición de la válvula de manera que el error fuese eliminado.

El control anticipativo, sería aquel que define el momento, a futuro, en que se dará un hecho o un conjunto de hechos y se toman las acciones para evitar o reducir su efecto. En mantenimiento, este hecho es conocido como "predictivo".

La competitividad industrial

Ya no causan más sorpresas y ni se constituyen novedades, las frecuentes referencias a las necesidades de cambios de la competitividad industrial.

Un número cada vez mayor de empresas ya reconoce la importancia crucial que el mantenimiento y la confiabilidad desempeñan en sus organizaciones. En esas empresas, ejecutivos de la alta administración, están promoviendo la implantación de estrategias empresariales de mantenimiento y confiabilidad. Dichas estrategias tienen doble finalidad: en primer lugar, se destinan a educar a los ejecutivos, sobre como el mantenimiento y la confiabilidad afectan a su empresa financieramente. En segundo lugar, se concentran en desarrollar e implementar un proceso que promueva, de forma activa, mejoras en esas prácticas.

La mayor parte de las estrategias empresariales de mantenimiento tienen dos objetivos primordiales: disminuir los costos (de mano de obra, material y contratación) y mejorar la confiabilidad operacional de los equipos o de la gestión de los activos (tiempo operacional - "up-time", régimen de funcionamiento - "running speed" y desempeño de la calidad). Casi todas las empresas tienen grandes oportunidades de actuar en ambas áreas. Es común un gasto elevado en mantenimiento y los resultados de estas actividades son, muchas veces ineficaces, por mayores inversiones que se realicen.

Desde la posguerra las características de las actividades económicas sufrieron alteraciones, que impusieron distintos ritmos de desarrollo, hasta el periodo actual, en que decididamente, la competitividad industrial dejó de ser definida por las ganancias a gran escala y de la producción seriada, tipificada por el modelo "fordista" pasando a ser decidida en los campos de la calidad y de la productividad.

La economía de escala está dando lugar a la economía por objetivos. En este escenario, el mantenimiento surge como la única función operacional que influye y mejora los tres ejes determinantes de la performance industrial al mismo tiempo, es decir: costo, plazo y calidad de productos y servicios -Figura 68, definida según McKinsey & Company como la "Función Pivotante".

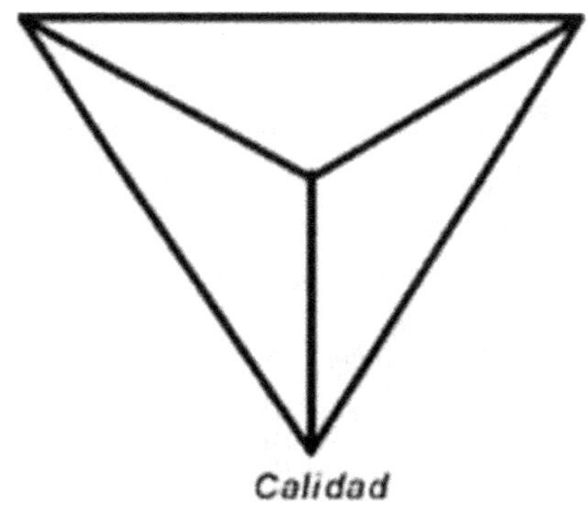

Función pivotante

Estrategias de gestión de proceso

Dentro de las estrategias utilizadas para descubrir la solución de un problema, está el aislamiento de sus puntos críticos a través de su división sucesiva en partes. La clave es limitar el problema mediante el estudio detallado de los fenómenos observados. Este estudio empieza a través de una discusión del grupo involucrado ("brainstorm"), donde son separados los fenómenos concretos. Estos fenómenos son agrupados en aquellos que comparten algún denominador común.

Enseguida se vuelve a examinar a cada grupo como una nueva unidad, cuestionando cual es el asunto crítico, analizando cada unidad como fuente de problema a ser descubierto y se decide por el enfoque correcto para encontrar una solución.

Los pasos siguientes son: la formulación de soluciones tentativas, análisis y validación o exclusión de soluciones, proposición de la conclusión, consolidación de la conclusión, proyecto de acción con un plan detallado e implantación de este plan junto a los supervisores de línea.

Como alternativas para las etapas de formulación de soluciones se pueden utilizar el "árbol de decisiones", o los "cuadros sinópticos" de toma de decisiones, o la aplicación de los cinco "¿Por qué?".

Además de eso se puede utilizar las técnicas de "análisis de valor" o de "ingeniería de valor" para esas determinaciones de alternativas de soluciones, pero, lo más común es utilizar la experiencia de los involucrados en el proceso.

La mudanza de enfoque del mantenimiento

El éxito de una compañía es, en gran parte, debido a la buena cooperación entre clientes y proveedores, sean internos o externos. Los roces crean costos y consumen tiempo y energía. La gestión dinámica del mantenimiento implica administración de las interfaces con otras divisiones corporativas.

La coordinación entre los subsistemas de: planificación de la producción, de la estrategia del mantenimiento, de la adquisición de repuestos, de la programación de servicios y del flujo de informaciones, elimina el conflicto de metas.

Altas disponibilidades e índices de utilización, aumento de la confiabilidad, bajo costo de producción como resultado de mantenimiento optimizado, gestión de repuestos y alta calidad de productos, son metas que pueden ser alcanzadas solamente cuando operación y mantenimiento trabajan juntos.

La no modernización de las empresas genera costos indirectos relacionados con:

- Pérdida continua de la competitividad, ya que los parámetros de medición están cambiando (lamentablemente este hecho no es fácil de cuantificar);

- A medida que pasa el tiempo, se vuelve más difícil enfrentar los cambios tecnológicos exigidos por la modernización;
- Se pierde el sentido de urgencia que requiere la gestión en un ambiente mutante y ultra competitivo.

Y las nuevas tecnologías están exigiendo:

- Personal preparado;
- Nuevos procedimientos;
- Cambio de paradigmas;
- Aprendizaje continuo;
- Nuevos enfoques de supervisión;
- Liderazgo basado en el conocimiento;
- Conversión de trabajadores manuales en trabajadores con conocimiento.

Para enfrentar la modernización se debe:

- Crear una verdadera cultura innovadora en el interior de la empresa;
- Motivar el perfeccionamiento continuo;
- Utilizar el "benchmark" de manera inteligente;

- Crear visiones tecnológicas adecuadas a la realidad; Visitar y conocer otras realidades;
- Estimular el cambio;
- Crear el espirito crítico.

Los cambios ocurren de forma cada vez más rápida, y el no seguimiento a estos, puede llevar a una empresa a quedar rezagada con relación a sus competidores.

Áreas de cambio exitosas tuvieron su evolución de mantenimiento no-planificado hacia el mantenimiento estratégico.

Los expertos en mantenimiento son repetidamente confrontados respecto a:

¿Cuál es el método de mantenimiento más eficaz?
La respuesta es la combinación correcta de todos los métodos disponibles, o sea, mantenimiento por ruptura, mantenimiento basado en el uso y mantenimiento basado en la condición.

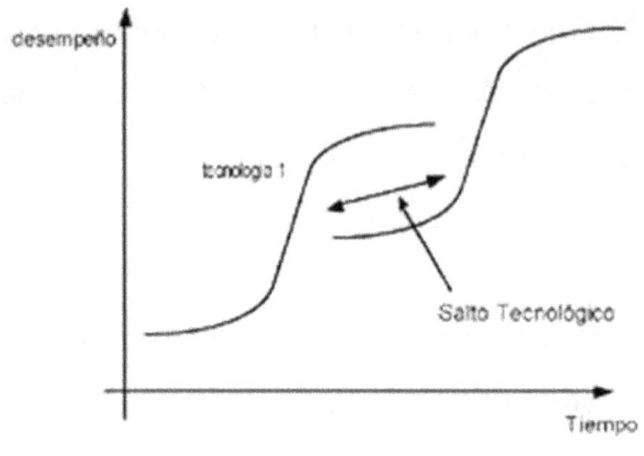

Desarrollo tecnológico

En la evaluación del punto óptimo de mantenimiento, se constata que el costo total del mantenimiento es influido por el costo de mantenimiento regular (costo de reparación) y por el costo de la falla (pérdida de producción). De esta manera, la estrategia óptima de mantenimiento, es aquella que minimiza el efecto conjunto de los componentes del costo, o sea, identifica el punto, donde el costo de reparación es aún menor que el costo de la pérdida de producción.

El mantenimiento planificado alcanza reducciones de costos a través de: la eliminación de desperdicios, del establecimiento de estrategias por equipo y del aumento de la capacidad, disponibilidad y confiabilidad de los equipos. La previsibilidad y el impacto de las fallas sobre el negocio, apuntan hacia el tipo de estrategia a ser adoptada, según la importancia de las varias unidades de la planta.

Métodos de mantenimiento

Son consideradas, en el árbol de decisiones para la selección del correcto "mix de los métodos", factores como: la utilización deseada, si el proceso de producción es continuo o intermitente, calidad del producto, requisitos de seguridad, proyecto / configuración de la unidad de la planta y efectividad de los costos, previsibilidad de falla, tiempos medios entre falla y tiempos medios para reparaciones etc.

La planificación de mantenimiento es compuesta por una serie de actividades, siendo las principales etapas del proceso: enfocar el esfuerzo, desarrollar los planes e implantarlos. El resultado de esta planificación, deberá ser una serie coherente de estrategias de mantenimiento, continuamente monitoreadas y ajustadas, con el objetivo de minimizar los costos totales.

Son características de un mantenimiento óptimo

- Enfocar las habilidades del mantenimiento departamental, en la planificación y control del mantenimiento y no en la reparación de rupturas y mejoras de equipos;
- Realizar trabajo de mantenimiento de acuerdo con planes documentados y estandarizados, tareas programadas y solicitudes de trabajo;
- Realizar mantenimiento preventivo de acuerdo con el programa (no dejar los trabajos para después);
- Documentar y analizar el historial de mantenimiento y rupturas, buscando asegurar que los índices de falla sean optimizados y los costos totales minimizados, medir y mejorar la

productividad del personal e identificar oportunidades de mejora.

- Desarrollar los sistemas inteligentes necesarios para promover las acciones indicadas por el mantenimiento basado en la condición y, de esta manera capturar el conocimiento actual y futuro.

Mantenimiento estratégico visto bajo el foco de la necesidad

Se ha de analizar la relación entre el acompañamiento de la disponibilidad "versus" la necesidad de utilización de equipos, donde fueron obtenidos los respectivos índices de "disponibilidad" y "necesidad de utilización".

Mantenimiento estratégico

En la mayoría de los equipos, el índice de disponibilidad es superior al de la necesidad de utilización de cada uno. En el caso de que los elevados índices de disponibilidad estén siendo obtenidos a expensas de altas inversiones de recursos humanos y en caso la confiabilidad operativa del equipo no sea crítica, deben ser efectuadas nuevas re evaluaciones respecto a los criterios de mantenimiento utilizados. Se observa que, en este caso, las Bombas de Proceso 1 y 2, presentaron disponibilidad menor que la necesitada, siendo éste el punto prioritario de análisis y acción de reajuste del Sistema de Planificación, que también deberá considerar su importancia operacional en el proceso, los costos de reparación y los tiempos medios entre fallas y reparación. El análisis indicado para los equipos, también puede ser aplicado a componentes o piezas, siendo esta utilización correcta para evaluar que partes de un equipo, obra o instalación deben merecer mayor atención por parte de los responsables del mantenimiento y en que parte se puede aplicar simplemente el mantenimiento preventivo por condición (reparación de defecto) o correctivo. Veamos un ejemplo: ¿Si una flota de camiones es utilizada solamente durante el día, ¿Cuál sería la necesidad de efectuar un mantenimiento planificado en el sistema de iluminación de los mismos (faros, luces de la cabina etc.)?

Obviamente que estas partes del equipo, podrían ser objeto de un simple mantenimiento correctivo siendo, inclusive, recomendable que el cambio de lámparas quemadas fuese efectuado por el propio operador del equipo. La evaluación de los criterios de mantenimiento a ser aplicados, depende normalmente del análisis de disponibilidad frente a la necesidad de utilización del equipo, no obstante se deben observar otros aspectos, como: su importancia en la actividad objeto de la empresa, el costo de mantenimiento con relación al inmovilizado (costo acumulado de mantenimiento con relación al costo de adquisición del equipo), el tiempo medio entre fallas, el tiempo medio para reparación, la obsolescencia del equipo, las condiciones de operación a que son sometidos, los aspectos de seguridad y los aspectos de medio ambiente.

Considerando un conjunto de ítems (equipos, obras o instalaciones) fundamentales en una línea de proceso o servicio, donde sus mayores disponibilidades tienen relación homogénea con mayor productividad y consecuente producción de utilidades para la empresa, en la evaluación de los puntos críticos pueden ser encontradas las siguientes condiciones:

Ítems en serie -La disponibilidad final será obtenida por el producto de las disponibilidades de cada ítem.

$$Ds = D1 \times D2 \times D3 \times \ldots \times Dn$$

Ítems en paralelo -La disponibilidad final, será obtenida por la suma de los productos de las disponibilidades de cada ítem por sus capacidades de producción, dividido por el producto de las capacidades de producción de esos ítems.

Ítems redundantes -La disponibilidad final, será obtenida por la diferencia entre la unidad y los productos de la diferencia de la unidad con la disponibilidad de cada ítem.

$$Ds = 1 - (1\text{-}DR1) \times (1\text{-}DR2) \times (1\text{-}DR3) \times ... \times (1\text{-}DRn)$$

Obviamente, la disponibilidad final de un sistema mixto de ítems, será el resultado de la conversión a un sistema simple (serie) y posteriormente la búsqueda del elemento que esté contribuyendo para el peor valor.

De esta forma, deberán ser analizadas las estructuras del Sistema Productivo, a través de sus sectores serie, paralelo, redundante y mixto, calculando en función de las disponibilidades individuales, su disponibilidad total.

La mejor productividad final del sistema, quedará limitada por su peor máquina, como en el ejemplo presentado: por la máquina 2 y aunque se obtenga el máximo de productividad en el resto de los equipos el resultado continúa comprometido por ella.

Esta determinación es de gran importancia, para permitir la adecuada prioridad y definición de estrategias, de manera que se evite el riesgo de obtener "10% más de eficiencia en el equipo equivocado".

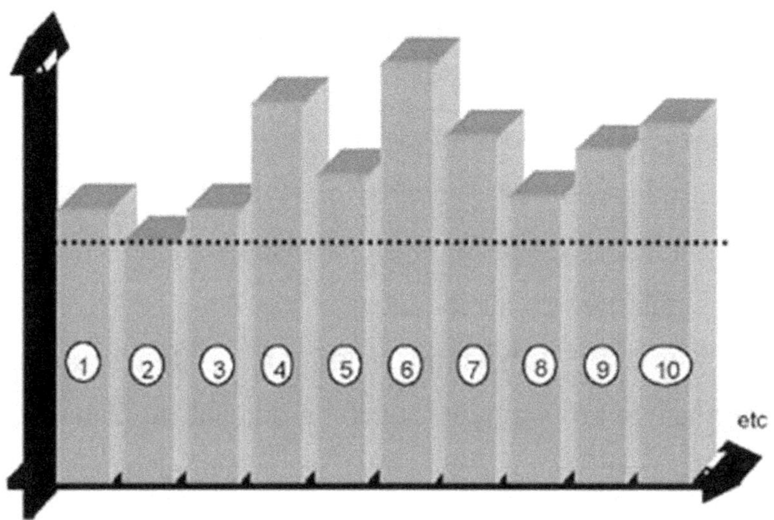

Proceso equivalente

Con este análisis, dos caminos deben ser adoptados. Armonizar los resultados de todos los ítems, en relación al que presenta el peor desempeño (solución económica) y, a continuación, tratar de aumentar la disponibilidad de todos de forma uniforme para obtener mayor productividad del conjunto (solución estratégica). Una vez que el mantenimiento estratégico (o "mantenimiento centrado en el riesgo" o "mantenimiento orientado al negocio") es una ruptura de paradigma, pues pasa a enfocar las acciones en el aspecto "Sistemático" y no más por equipo individual, el primer paso es determinar cuál es el equipo que está creando las retenciones en el proceso, o sea, ¿Cuál es el que se convierte en "cuello de botella" del proceso o servicio?

Determinados los "cuellos de botella", deben ser examinados los reflejos en la disponibilidad final en las siguientes condiciones:

1) Aumento de disponibilidad en el ítem que se constituye en el mayor "cuello de botella" del Sistema.

2) Examen de la posibilidad de transferir, para otro sector productivo, la capacidad operacional reduciendo aquel donde se encuentra el "cuello de botella".

En conclusión, utilizando el árbol de decisiones, se deberán comparar los datos de disponibilidad y capacidad con valores de otros índices y variables como:

- Tiempo medio entre falla (TMEF);

- Tiempo medio para reparaciones (TMPR);
- Costo relativo de reparación; antigüedad del equipo;
- Responsable por el mantenimiento;
- Condición insegura de operación;
- Riesgo al medio ambiente;
- Rentabilidad operacional etc.

Para definir el tipo de estrategia de intervención a ser adoptada.

Como alternativa para el establecimiento del tipo de intervención a ser adoptada, pueden ser utilizados símbolos o señales gráficas para indicar la condición favorable, indiferente o desfavorable de satisfacción a las necesidades operativas del ítem, como, por ejemplo: "flecha para arriba", flecha para abajo" o "flecha para la derecha"; señales de "+", "-" o "–"; "cara alegre", "cara triste" o "cara indiferente" etc. La combinación de estas características o símbolos, determinará la mejor estrategia de actuación en cada caso, pudiendo todavía, ser establecidos "valores" para cada una de las variables para indicar su mejor o peor importancia, en lo que se refiere a decisiones a ser tomadas, utilizando para tanto, la experiencia de cada uno de los involucrados en el proceso.

Esta versión del mantenimiento para el próximo siglo, es muy interesante en el aspecto de reducción de costos y, por ser un enfoque nuevo, podrá recibir muchas contribuciones, lo que la caracteriza como "una visión de futuro".

El programa de mantenimiento

Elaborar el plan de mantenimiento a sistemas electromecánicos de acuerdo a especificaciones del fabricante, políticas y procedimientos de la empresa.

El plan de mantenimiento es la herramienta que permite la planificación de diferentes tareas de mantenimiento. La tendencia día a día apunta a que la actividad de mantenimiento debe ser planificada. En el plan de mantenimiento al menos 2 de cada 3 actividades deben estar presentes en él.

Sin embargo, hay muchas empresas que tiene personales técnicos y/o responsables de mantenimiento que desconocen la forma más adecuada de elaborar un plan, no conocen los pasos a seguir para conseguir programar las diferentes tareas, e incluso algunos no disponen de un formato adecuado.

Ejercicio calendario de actividades mantenimiento

Una empresa opera un sistema de producción de inyección de plástico en el cual se utilizan una máquina automatizada, las 24 horas los 365 días del año. Llenar el formato anual: Programa de actividades de mantenimiento 2009, considerando 10 órdenes de mantenimiento. Partir del 1ro. de enero. (Remarcar el triángulo izquierdo en la semana que le corresponda el mantenimiento).

1- Mantenimiento preventivo al sistema eléctrico. Trimestral.

2- Calibración de los sensores de temperatura. Mensual.

3- Cambio de aceite del sistema hidráulico. Cada 2000 horas.

4- Limpieza de las tolvas. Cada 500 horas.

5- Medición con osciloscopio del tren de pulsos del encoder. Mensual.

6- Calibración de los dosificadores. Cada 350 hrs.

7- Limpieza de moldes. Cada 3 semanas.

8- Medición de parámetros de presión de aceite. Semestral.

9- Reemplazo de mangueras principales. Anual.

10- Engrasado de baleros. Cada 4000 hrs.

NOTA: Trabajar en equipos, igual que en las prácticas.

La orden de intervención

Objetivo:

Diseñar el plan de mantenimiento de acuerdo a los resultados del análisis de requerimientos de intervención, recomendaciones del fabricante, políticas y procedimientos de la empresa. Orden de intervención. Proceso que se realiza cuando el personal de mantenimiento recibe una orden de trabaja para realizar un mantenimiento o solucionar un problema asociado al sistema. Una vez que ha sido recibida la orden de intervención del equipo o sistema para mantenimiento se procede a:

1.- Diagnosticar (búsqueda de causas que pudieron dar origen a la avería o falla del sistema de control.

2.- Elaborar el dictamen técnico del diagnóstico efectuado.

3.- Localizar la falla o avería en el sistema a intervenir.

4.- Elaborar el plan de aplicación de mantenimiento de acuerdo a lo sugerido por el fabricante del equipo o sistema de control y/o el procedimiento establecido por la propia empresa en particular, observando lo establecido por las N.O.M. así como las normas de seguridad e higiene industrial, teniendo presente la regla de oro: Nunca sacrificar la seguridad por la economía.

5.- Seleccionar equipos, herramientas y accesorios dispositivos, sensores y/o actuadores los cuales necesitan ser utilizados para reemplazar o sustituir los averiados o que están en término de vida útil y fortuitamente puede ser factible presenten falla.

6.- Delimitar del área en la que se encuentra el sistema a intervenir., utilizando los señalamientos estándares establecidos para ello.

7.- Verificar el funcionamiento correcto, toda vez que la falla o avería ha sido corregida.

8.- Limpiar el área, donde se encuentra el equipo o sistema intervenido, y retiro de señalamientos empleados para la delimitación del espacio en el que se realizó el mantenimiento.

9.- Elaborar el reporte y energizar el equipo, que estuvo fuera de servicio por mantenimiento.

Ejercicio de una orden de intervención

Ordenar las actividades para reparar falla en un sistema de brazo robot

- Utilizando un multímetro se encuentra una pista abierta.
- Unidad de control defectuoso.
- Solicitar mecanismo y soldadura de almacén.
- Seleccionar equipos: multímetro, osciloscopio, amperímetro de gancho.
- Se recibe orden para revisar falla en brazo robótico.
- Se encontró que el brazo se detiene repentinamente por mecanismo defectuoso y un falso contacto.
- Retirar señalamiento del centro de carga.
- Recabar firmas de conformidad.
- Realizar limpieza del área.
- Quitar la cinta amarilla.
- Preparar herramientas: desarmadores, pinzas, llaves, torquímetro.

- Mecanismo defectuoso, Soldadura defectuosa, Pista abierta.

- Llenar la tarjeta de tiempo.

- La reparación se realizará a las 17:00 hrs. para no obstaculizar la producción. Seguir las políticas de la Empresa.

- Instalar cinta amarilla de precaución en el área de trabajo.

- Elaborar reporte de servicio.

- Detenciones repentinas.

- Colgar letrero de ¨NO MOVER ´en el centro de carga.

- Al finalizar la reparación, verificar el funcionamiento.

Solución

- Se recibe orden para revisar falla en brazo robótico.

- Detenciones repentinas.

- Unidad de control defectuoso.

- Mecanismo defectuoso, Soldadura defectuosa, Pista abierta.

- Se encontró que el brazo se detiene repentinamente por mecanismo defectuoso y un falso contacto.

- Utilizando un multímetro se encuentra una pista abierta.
- La reparación se realizará a las 17:00 hrs. para no obstaculizar la producción. Seguir las políticas de la Empresa.
- Instalar cinta amarilla de precaución en el área de trabajo.
- Colgar letrero de ¨NO MOVER ´en el centro de carga.
- Solicitar mecanismo y soldadura de almacén.
- Preparar herramientas: desarmadores, pinzas, llaves, torquímetro.
- Seleccionar equipos: multímetro, osciloscopio, amperímetro de gancho.
- Al finalizar la reparación, verificar el funcionamiento.
- Realizar limpieza del área.
- Retirar señalamiento del centro de carga.
- Quitar la cinta amarilla.
- Elaborar reporte de servicio.
- Recabar firmas de conformidad.
- Llenar la tarjeta de tiempo.

Elaboración de los documentos

Estructura de la Documentación del Sistema de la Calidad

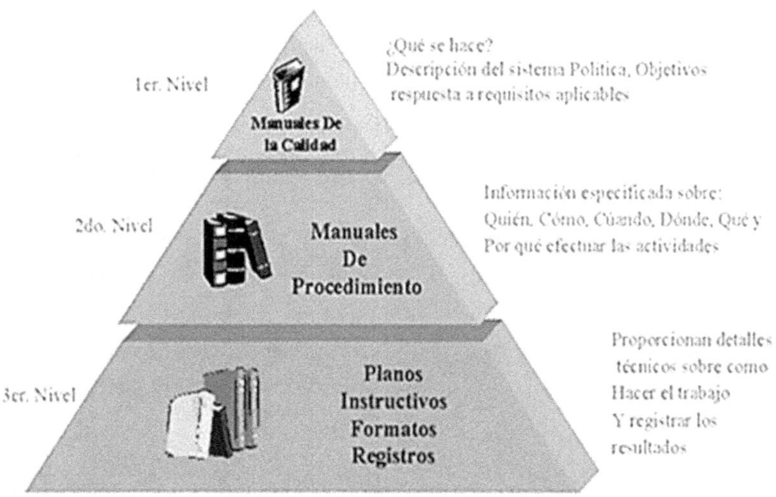

SIMBOLOGÍA PARA DIAGRAMAS DE FLUJO.

SÍMBOLO	TIPO	FUNCIÓN
	Inicial / Final	Muestra el inicio/final de un proceso.
	Proceso / actividad	Muestra el desarrollo de las operaciones.
	Proceso predefinido	Indica la vinculación con otro proceso.
	Decisión	Nos indica que hay que tomar una decisión.
	Documento	Indica el uso o generación de un documento.
	Base de Datos	Indica el uso o generación de una base de datos.
	Secuencia	Conecta los elementos correspondientes del diagrama de flujo. Nos indica el flujo del proceso.
	Conectores en la misma página y hacia otra página	Dirige el diagrama sobre el final de pagina.

Procedimiento

La tarea del procedimiento es capacitar al personal. Se sugiere seguir la siguiente estructura para elaborar procedimientos.

Partes	Carácter	Contenido
Objetivo	Obligatorio	Definirá el objetivo del procedimiento
Alcance	Obligatorio	Especificará el alcance de la aplicación del procedimiento
Responsabilidades	Obligatorio	Designará a los responsables de ejecutar y supervisar el cumplimiento del procedimiento
Términos y definiciones	Opcional	Aclarará de ser necesario el uso de términos o definiciones no comunes aplicables al procedimiento...
Procedimiento	Obligatorio	Describirá en orden cronológico el conjunto de operaciones necesarias para ejecutar el procedimiento.
Requisitos de documentación	Obligatorio	Relacionará todos los registros que deben ser completados durante la ejecución del procedimiento.
Referencias	Obligatorio	Referirá todos aquellos documentos que hayan sido consultados o se mencionen en el procedimiento
Anexos	Opcional	Incluirá el formato de los registros, planos, tablas o algún otro material que facilite la comprensión del procedimiento.

Ejemplo del formato de un procedimiento

Nombre Empresa	Nombre del Procedimiento	Clave	Revisiòn	Hoja
		PR-MT-01	1-02/09	1 de ___

Firma del responsable del Área	Firma del Representante de la Dirección

Objetivo:	Alcance:	Responsable:

Descripción del procedimiento.

Solamente el encabezado se repite en cada hoja.

Nombre Empresa	Nombre del Procedimiento	Clave	Revisiòn	Hoja
		PR-MT-01	1-02/09	2 de ___

Ejemplo del formato de un instructivo

Nombre Empresa	Nombre del instructivo	Clave	Revisiòn	Hoja
		IT-MT-01	1-02/09	1 de __

Firma del responsable del Área	Firma del Representante de la Dirección

Objetivo:	Alcance:	Responsable:

Descripción del Instructivo:

Pasos:

1.-

    (Puede pegar fotos)

2.-

Si existe más de una hoja se repite solo el encabezado.

Nombre Empresa	Nombre del instructivo	Clave	Revisiòn	Hoja
		IT-MT-01	1-02/09	2 de ____

Ejemplo del formato de un registro

Nombre Empresa

87

CHECK LIST DEL OPERADOR: Al inicio del turno.			
Turno	1	2	3

	SI	NO
Se encuentra el área limpia		
La banda esta libre		
La cadena tiene guarda		
Están alineados los sensores		

RE-MT-01

1-02/09

Mantenimiento Total Productivo Mecatrónico
Estrategia de las 5S

Esquema conceptual

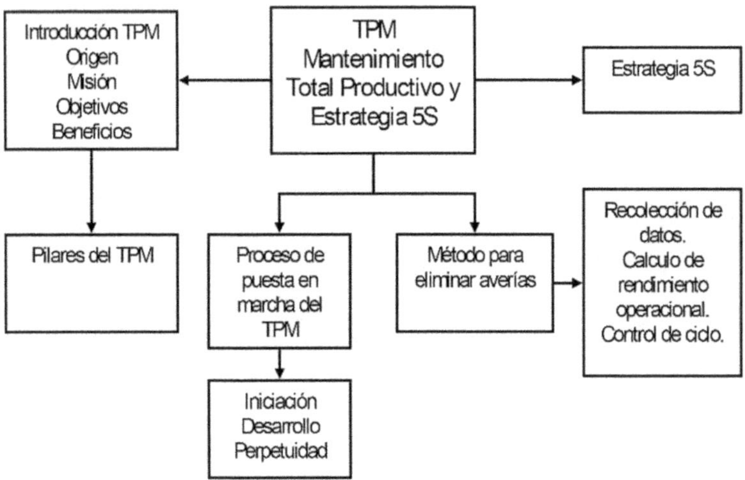

TPM Mantenimiento total productivo

Introducción al TPM

El TPM es una estrategia compuesta por una serie de actividades ordenadas, que una vez implantadas ayudan a mejorar la competitividad de una organización industrial o de servicios. Se considera como estrategia, ya que ayuda a crear capacidades competitivas a través de la eliminación rigurosa y sistemática de las deficiencias de los sistemas operativos. El TPM permite diferenciar una organización en relación a su competencia debido al impacto en la reducción de los costos, mejora de los tiempos de respuesta, fiabilidad de suministros, el conocimiento que poseen las personas y la calidad de los productos y servicios finales.

El JIPM (Japan Institute of Plan Maintenance) define el TPM como un sistema orientado a lograr:

- Cero accidentes
- Cero defectos
- Cero perdidas

Estas acciones deben conducir a la obtención de productos y servicios de alta calidad, mínimos costos de producción, alta moral en el trabajo y una imagen de empresa excelente. No solo deben participar las áreas productivas, se debe buscar la eficiencia global con la participación de todas las personas de todos los departamentos de la empresa. La obtención de las "cero pérdidas" se debe lograr a través de la promoción de trabajo en grupos pequeños, comprometidos y entrenados para lograr los objetivos personales y de la empresa.

Por lo tanto, el objetivo del TPM es maximizar la efectividad total de los sistemas productivos por medio de la eliminación de sus pérdidas llevadas a cabo con la participación de todos los empleados.

Origen del TPM

En el mundo de hoy una empresa para poder sobrevivir debe ser competitiva y sólo podrá serlo si cumple con estas tres condiciones:

Brindar un Producto de óptima conformidad: recordemos que ahora en el argot de las normas ISO ya no se habla de calidad sino de conformidad.

Tener costos competitivos: una buena gerencia y sistemas productivos eficaces pueden ayudar a alcanzar esta meta.

Realizar las entregas a tiempo: aquí se aplican los conceptos del JIT, Just in Time o el justo a tiempo.

Cuando nacieron los diferentes sistemas de calidad, de una o de otra manera, todos y cada uno enfocaban su atención en una o varias de las llamadas "5 M", pero no en todas:

1) Mano de obra

2) Medio ambiente

3) Materia Prima

4) Métodos

5) Máquinas

Mantenimiento	Actividad con el objetivo de mantener la eficiencia de las instalaciones y máquinas en el tiempo…
Productivo	…Que persigue el objetivo de mejorar la productividad de las instalaciones y máquinas…
Total	…A través del involucramiento activo de todo el personal

Es aquí donde entra en escena un nuevo método denominado TPM que toma en cuenta a las "5 M" y ofrece maximizar la efectividad de los sistemas eliminando las pérdidas.

Mantenimiento Productivo Total es la traducción de TPM (Total Productive Maintenance)
El TPM es el sistema japonés de mantenimiento industrial desarrollado a partir del concepto de "mantenimiento preventivo" creado en la industria de los Estados Unidos.

Misión del TPM

La misión de toda empresa es obtener un rendimiento económico, sin embargo, la misión del TPM es lograr que la empresa obtenga un rendimiento económico CRECIENTE en un ambiente agradable como producto de la interacción del personal con los sistemas, equipos y herramientas como se ilustra en la figura:

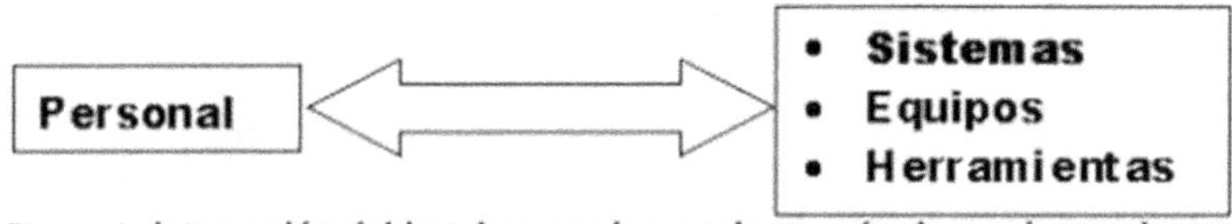

Figura 1. Interacción del hombre con los equipos, máquinas y herramientas

También tiene como misión mejorar la cultura empresarial a través de la optimización de los recursos humanos y las máquinas, como indica el siguiente cuadro:

	1. Operarios: Capacidad de hacer el mantenimiento autónomo.
Mejoramiento de los Recursos Humanos	2. Manutentores: Capacidad de hacer el mantenimiento de alto nivel.
	3. Técnicos: Capacidad de proyectar máquinas confiables y fácilmente mantenibles.

Objetivo del TPM

"Maximizar la efectividad total de los sistemas productivos por medio de la eliminación de sus pérdidas por la participación de todos los empleados en pequeños grupos de actividades voluntarias".

Beneficios del TPM

Los beneficios que brinda el TPM

<u>Organizativos</u>

- Mejora la calidad del ambiente de trabajo.
- Mejor control de las operaciones.
- Incremento de la moral del empleado.
- Creación de una cultura de responsabilidad, disciplina y respeto por las normas.
- Aprendizaje permanente.
- Creación de un ambiente donde la participación, colaboración y creatividad sea una realidad.
- Dimensionamiento adecuado de las plantillas de personal.
- Redes de comunicación eficaces.

<u>Seguridad</u>

- Mejorar las condiciones ambientales.

- Cultura de prevención de eventos negativos para la salud.

- Incremento de la capacidad de identificación de problemas potenciales y de búsqueda de acciones correctivas.

- Entender el porqué de ciertas normas, en lugar del cómo hacerlo.

- Prevención y eliminación de causas potenciales de accidentes.

- Eliminar radicalmente las fuentes de contaminación y polución.

Productividad

- Eliminar pérdidas que afectan la productividad de las plantas.

- Mejora de la fiabilidad y disponibilidad de los equipos.

- Reducción de los costos de mantenimiento.

- Mejora de la calidad del producto final.

- Menor costo financiero por recambios.

- Mejora de la tecnología de la empresa.

- Aumento de la capacidad de respuesta a los movimientos del mercado.

- Crear capacidades competitivas desde la fábrica.

Características

Las características del TPM más significativas son:

- Acciones de mantenimiento en todas las etapas del ciclo de vida del equipo.

- Participación amplia de todas las personas de la organización.

- Es observado como una estrategia global de empresa, en lugar de un sistema para mantener equipos.

- Orientado a la mejora de la efectividad global de las operaciones, en lugar de prestar atención a mantener los equipos funcionando.

- Intervención significativa del personal involucrado en la operación y producción, y en el cuidado y conservación de los equipos y recursos físicos.

- Procesos de mantenimiento fundamentados en la utilización profunda del conocimiento que el personal posee sobre los procesos.

Competitividad del ambiente externo y necesidad del TPM

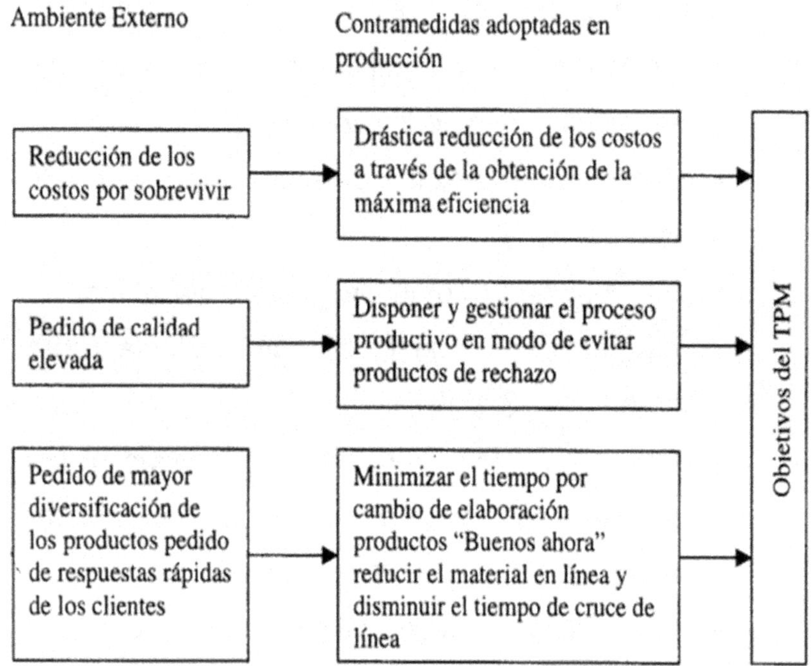

Pilares del TPM

Para tener una mejor perspectiva del significado del TPM hay que entender que éste se sustenta en 8 pilares:

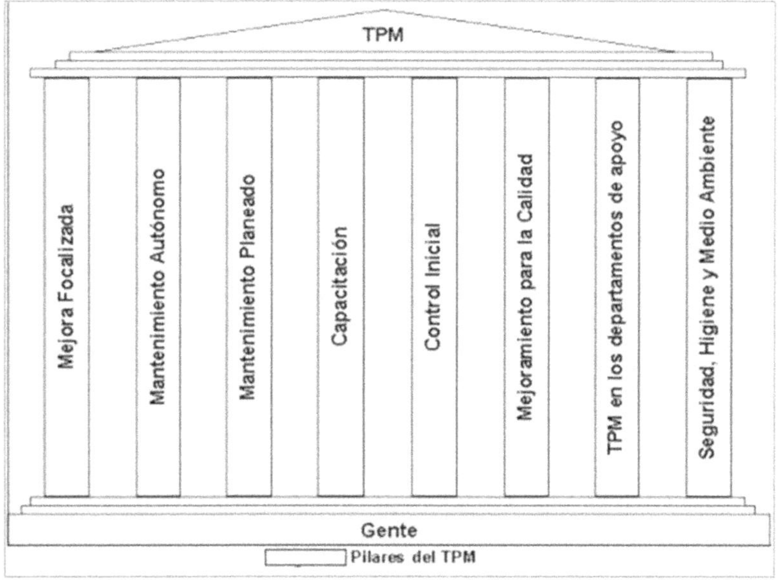

Como muestra la figura, el TPM se sustenta sobre 8 pilares que a su vez se sustentan sobre la gente.

Mejora Focalizada

Esta tiene como objetivo eliminar sistemáticamente las grandes pérdidas ocasionadas con el proceso productivo.

Las pérdidas pueden ser:

<u>De los equipos:</u>

- Fallas en los equipos principales
- Cambios y ajustes no programados
- Fallas de equipos auxiliares

- Paradas menores

- Reducción de Velocidad

- Defectos en el proceso

- Arranque

<u>De los recursos humanos:</u>

- Gerenciales

- Movimientos

- Arreglo/ acomodo

- Falta de sistemas automáticos

- Seguimientos y corrección

<u>Del proceso productivo:</u>

- De los recursos de producción

- De los tiempos de carga del equipo

- Paradas programadas

Por lo expuesto anteriormente se sabe que las pérdidas se pueden clasificar en pérdidas del equipo, de los recursos humanos y del proceso productivo, estas pérdidas se buscan eliminar en el TPM.

Ahora bien, antes de pasar a otro punto es importante destacar algunas posibles causas de las pérdidas en los equipos, muchas veces ocurre que las máquinas y/o equipos se deterioran por falta de un buen programa de mantenimiento o simplemente porque los encargados de observar y corregir estas fallas aceptan estas pérdidas; cuando debería ocurrir todo lo contrario, los equipos deberían funcionar bien desde la primera vez y siempre.

Mantenimiento autónomo

La idea del mantenimiento autónomo es que cada operario sepa diagnosticar y prevenir las fallas eventuales de su equipo y de este modo prolongar la vida útil del mismo. No se trata de que cada operario cumpla el rol de un técnico de mantenimiento, sino de que cada uno conozca y cuide su equipo, además ¿Quién puede reconocer de forma más oportuna la posible falla de un equipo antes de que se presente? Obviamente el operador calificado, ya que él pasa mayor tiempo con el equipo que cualquier técnico de mantenimiento, él podrá reconocer primero cualquier varianza en el proceso habitual de su equipo.

Por lo tanto: los operadores se hacen cargo del mantenimiento de sus equipos, lo mantienen y desarrollan la capacidad para detectar a tiempo fallas potenciales.

El mantenimiento autónomo puede prevenir:

- Contaminación por agentes externos
- Rupturas de ciertas piezas
- Desplazamientos
- Errores en la manipulación

Con sólo instruir al operario en:

- Limpiar
- Lubricar
- Revisar

Mantenimiento planeado

La idea del mantenimiento planeado es que el operario diagnostique la falla y la indique con etiquetas con formas, números y colores específicos en la máquina, de forma que cuando el personal de mantenimiento llegue a reparar la máquina, pueda ir directo a la falla y la elimine.

Por lo tanto, a este tipo de mantenimiento se lo puede definir como: "Un conjunto de actividades sistemáticas y metódicas para construir y mejorar continuamente el proceso"

Capacitación

Este tipo de actividad tiene como objetivo aumentar las capacidades y habilidades de los empleados.

T	Total Participación de sus miembros.
P	Productividad (volúmenes de ventas y ordenes por personas).
M	Mantenimiento de clientes actuales y búsqueda de nuevos.

Control inicial

Objetivo: "Reducir el deterioro de los equipos actuales y mejorar los costos de su mantenimiento".

Este control nace después de ya implantado el sistema, cuando se adquieren máquinas nuevas.

Mejoramiento para la calidad

La meta aquí es ofrecer un producto cero defectos como resultado de una máquina que tenga cero defectos, y esto último sólo se logra con la continua búsqueda de una mejora y optimización del equipo. Por lo tanto, tiene como objetivo tomar acciones preventivas para obtener un proceso y un equipo cero defectos.

TPM en los departamentos de apoyo

El TPM es aplicable a todos los departamentos, en finanzas, en compras, en almacén, etc.

Su objetivo es eliminar las pérdidas en los procesos administrativos y aumentar la eficiencia.

En estos departamentos las siglas del TPM toman estos significados:

Aquí lo importante es buscar que el ambiente de trabajo sea confortable y seguro, muchas veces ocurre que la contaminación en el ambiente de trabajo es producto del mal funcionamiento del equipo, así como muchos de los accidentes son ocasionados por la mala distribución de los equipos y por herramientas en el área de trabajo. El objetivo de este pilar es crear y mantener un sistema que garantice un ambiente laboral sin accidentes y sin contaminación.

Proceso de puesta en marcha del TPM

A continuación, vemos la evolución del proceso de implementación del TPM en el que se distinguen claramente tres fases: la de iniciación, la de desarrollo y la de perpetuidad. Cada una de las fases presenta distintas etapas.

Fase de Iniciación

En esta fase podemos distinguir 5 etapas, ellas son:

<u>1) Tomar la decisión</u>

- La dirección de la empresa desempeña un importante papel en esta instancia ya que es promotora del espíritu y gestión del TPM, por tanto, es un miembro activo de la toma de decisión.

- Los protagonistas de esta etapa serán: el gerente de ingeniería y el de mantenimiento.

- El contenido de las reuniones de trabajo deberá permitir:

- Promover la decisión de generalizar el TPM.

- Posicionar o reposicionar el rendimiento de las instalaciones como un factor de la performance industrial.

- Elaborar objetivos, la definición, las características y el proceso de puesta en marcha del TPM.

- Desplegar el plan TPM en las áreas.

- Diseñar la forma general de la estructura de piloteado.

- Designar el área piloto TPM para el establecimiento.

Conseguir la adhesión de la dirección para:

- Asignación de recursos de personal.

- Gestión de problemas prioritarios.

- Coherencia con el plan de progreso.

- El compromiso de la dirección deberá estar formalizado por escrito, publicado y difundido.

<u>2) Informar y formara todos los cuadros de la empresa</u>

El objetivo de esta etapa es obtener la adhesión de todo el personal al plan de trabajo del TPM decidido por el comité promotor.

Hacer de cada miembro un participante activo de la puesta en marcha del TPM, promover una actitud proactiva en todos los involucrados.

La adhesión del personal será lograda por dos tipos de acción:

- Información sobre la motivación y el ordenamiento general del plan TPM decidido por el comité promotor. Esta información puede tomar la forma de una reunión plenaria del personal afectado.

- Formación del personal sobre el contenido general del TPM y el específico del plan de planta.

3) Poner en marcha la estructura de comando

En estas instancias es menester definir y poner en marcha una organización y sus reglas de funcionamiento para permitir el comando (pilotaje) permanente de operaciones del TPM.

La estructura de pilotaje y sus reglas de funcionamiento deben ser adaptadas a cada área, esta estructura será puesta en marcha en forma progresiva, ella se acelerará en función de resultados conseguidos y de la capacidad de los operadores sobre el terreno.

4) Diagnosticarla situación de cada una de las áreas

El objetivo de esta etapa es evaluar:

- El estado del lugar en materia de rendimiento, de los medios de fabricación mantenimiento.

- La madurez y la ampliación del potencial de mejoramiento (técnicas y criterio económico).

- Las fortalezas y debilidades de la organización para abordar el proceso de cambio.

Los indicadores de medición y sus fórmulas de cálculo son:

1. Disponibilidad

Capacidad del equipo para estar en funcionamiento en un instante cualquiera, en las condiciones de utilización y reparación especificadas.

Se utilizan los indicadores de disponibilidad siguientes:

a) Disponibilidad propia

$$Dp = TF \ / \ TF + TAP$$

TF = Tiempo disponible para producir (Tiempo Real)

TAP = Tiempo de parada propia (Set-Up)

b) Disponibilidad intrínseca o de explotación:

$$TR = TF - TAP$$

$$Di = TR - TAI \ / \ TR$$

Donde:

TR = Tiempo requerido, durante el cual se produce

TAI = Tiempo de parado inducido (parada imprevista)

2. Tasa de Calidad

$$Tq = NPB \ / \ NPTR = NPTR - NPD \ / \ NPTR$$

Donde:

NTD = Número de piezas desechadas

NPB = Número de piezas correctas

NPTR = Número de piezas teóricamente realizables

3. Relación de Velocidad

Rv = Tiempo Ciclo Real / Tiempo Ciclo Teórico = TCN / TCR

4. Rendimiento Operacional

El rendimiento operacional de un equipo depende de los siguientes factores:

- Disponibilidad propia.
- Disponibilidad operacional.
- Desviaciones existentes con respecto al tiempo ciclo teórico.
- Cantidad de piezas rechazadas a la salida del equipo.

De acuerdo con ello, la fórmula se puede expresar como sigue:

$$RO = Dp * Do * Rv * Tq$$

Donde:

Dp = Disponibilidad propia

Do = Disponibilidad operacional

Rv = Rendimiento de velocidad o de ciclo

Tq = Tasa de calidad (cantidad piezas buenas obtenidas) / (cantidad piezas realizadas)

5. Mantenibilidad

La mantenibilidad, es la probabilidad de que una máquina pueda ser reparada a una condición especificada en un período de tiempo dado, en tanto su mantenimiento sea realizado de acuerdo con ciertas metodologías y recursos determinados con anterioridad.

Aplicación de conceptos

Estos conceptos previos harán posible la gestión de la información registrada, permitiendo así un posterior estudio de la misma.

Además, con ello se dispondrá de la información correspondiente a una determinada máquina, o grupo de ellas, en un determinado período, pudiendo conocer un desglose de tiempos y una clasificación del tipo de paros, así como el tipo de averías, y en muchos casos el origen de las mismas.

Esta información nos será de gran utilidad, puesto que permite conocer si para una máquina con un rendimiento anormalmente bajo, la causa de éste se halla en ella misma o bien en su entorno (por paros inducidos), sea por distintos tipos de avería o por pérdidas diversas producidas por lo que se denominan microparos.

Así mismo, obtendremos información sobre la capacidad de respuesta de nuestro servicio de mantenimiento y en definitiva deberemos poder conocer si aparecen averías repetitivas, si es posible diseñar el mantenimiento autónomo que se espera del operario y el correcto enfoque al mantenimiento preventivo, así como si se pueden reducir los tiempos de resolución de averías.

El posterior análisis de estos listados e históricos de datos nos permitirá actuar en aquellos puntos débiles que más pesen sobre el rendimiento y el tiempo de vida del equipo, así como en la calidad del producto fabricado.

5) Elaborar un Programa

Esta etapa tiene por finalidad la elaboración de un programa de trabajo a implementar en la línea piloto de TPM y tendrá en particular:

- Objetivo de Ro
- Plazo de obtención
- Costos más estudio de rentabilidad

Teniendo que abordar especialmente:

- El calendario.
- Los recursos de animación y pilotaje.
- Las modalidades de pilotaje.
- Las necesidades en cuanto a asistencia exterior.
- La evaluación global de los costos de reposición a nivel de los equipos.
- Un balance provisional global, cualitativo y cuantitativo.

Fase de Desarrollo

Esta fase se completa con 4 etapas, veamos cada una de estas.

1) Poner en marcha el programa

El desafío de esta etapa es informar a todo el personal sobre el contenido y la modalidad de puesta en marcha del programa TPM en un sector delimitado.

Esta etapa marca el fin de la reflexión preparatoria, la misma oficializa la apertura de la aplicación piloto en el sector elegido.

La comunicación que materializa esta etapa deberá permitir:

- Explicar el objetivo del TPM.

- Mostrar como las operaciones van a ser aplicadas en forma progresiva.

- Explicar la forma en que cada una de ellas estará asociada a la acción.

2) Analizar y eliminarlas causas de fallas (averías y setup)

Pérdidas	Efectos
1. Averías 2. Preparaciones y ajustes	Tiempos muertos
3. Tiempo en vacío y paradas cortas 4. Velocidad reducida	Caídas de velocidad
5. Defectos de calidad y reproceso 6. Puesta en marcha	Defectos

El objetivo de esta etapa es eliminar las principales causas de pérdida de rendimiento, hacer realidad los beneficios de la productividad y obtener la sólida adhesión del personal a la gestión.

Las principales causas de pérdida de rendimiento de un equipo son:

(Agrupación de las pérdidas en función de los efectos que provocan).

1- Perdidas por fallas: Son causadas por defectos de los equipos que requieren de alguna clase de reparación. Estas pérdidas consisten de tiempos muertos y los costos de las partes y mano de obra requerida para la reparación. La magnitud de la falla se mide por el tiempo muerto causado.

2- Perdida de set-up y de ajustes: Son causadas por cambios en las condiciones de operación, como el empezar una corrida de producción, el empezar un nuevo turno de trabajadores. Estas pérdidas consisten de tiempos muertos, cambios de moldes o herramientas, calentamientos y ajustes de las máquinas. Su magnitud se mide por tiempo muerto.

3- Perdidas debido a paros menores: Son causadas por interrupciones a las máquinas, atoramientos o tiempos de espera. En general no se pueden registrar estas pérdidas directamente, por lo que se utiliza el porcentaje de utilización (100% menos el porcentaje de utilización), en este tipo de perdida no se daña el equipo.

4- Perdida de velocidad: Son causada por reducción de la velocidad de operación, debido que, a velocidades más altas, ocurren defectos de calidad y paros menores frecuentes.

5- Perdidas de defectos de calidad y retrabajos: Son productos que están fuera de las especificaciones o defectuosos, producidos durante operaciones normales, estos productos, tienen que ser retrabajados o eliminados.

Las perdidas consisten en el trabajo requerido para componer el defecto o el costo del material desperdiciado.

6- Pérdida de rendimiento: Son causada por materiales desperdiciados o sin utilizar y son ejemplificada por la cantidad de material regresados o tirados.

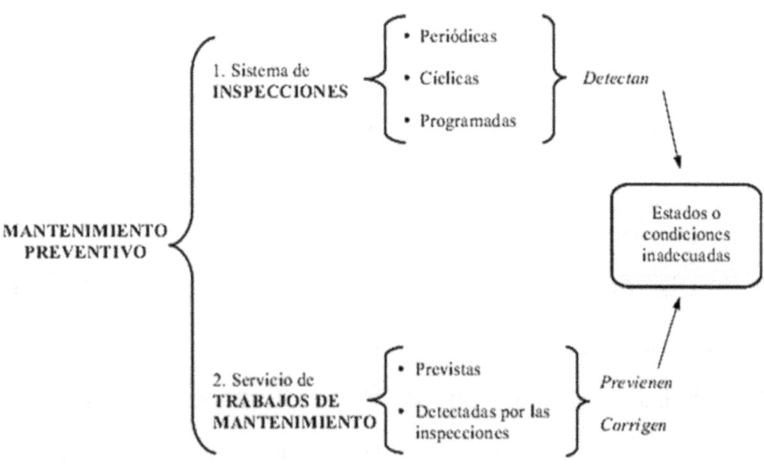

Cuadro de clasificación de las seis grandes pérdidas

Tipo	Pérdidas	Tipo y Características	Objetivo
Tiempos muertos y de vacío	1. Averías	Tiempos de paro de proceso por fallos, errores o averías, ocasionales o crónicas, de los equipos.	Eliminar
	2. Tiempos de preparación y ajuste de los equipos	Tiempos de paro del proceso por preparación de máquinas o útiles necesarios para su puesta en marcha.	Reducir al máximo
Pérdidas de velocidad del proceso	3. Funcionamiento a velocidad reducida	Diferencia entre la velocidad actual y la de diseño del equipo según su capacidad. Se pueden contemplar además otras mejoras en el equipo para superar su velocidad de diseño.	Anular o hacer negativa la diferencia con el diseño
	4. Tiempo en vacío y paradas cortas	Intérvalos de tiempo en que el equipo está en espera para poder continuar. Paradas cortas por desajustes varios.	Eliminar
Productos o procesos defectuosos	5. Defectos de calidad y repetición en trabajos	Producción con defectos crónicos u ocasionales en el producto resultante y consecuentemente en el modo de desarrollo de sus procesos.	Eliminar productos y procesos fuera de tolerancias
	6. Puesta en marcha	Pérdidas de rendimiento durante la fase de arranque del proceso, que pueden derivar de exigencias técnicas.	Eliminar o minimizar según exigencias técnicas

Esta etapa se divide en dos partes:

a) Eliminar las averías

Las técnicas TPM ayudan a eliminar dramáticamente las averías de los equipos. Para eliminar las averías de los equipos conviene realizar acciones de mejoras enfocadas siguiendo los pasos del conocido Ciclo Deming o PHVA (Planificar-Hacer-Verificar-Actuar).

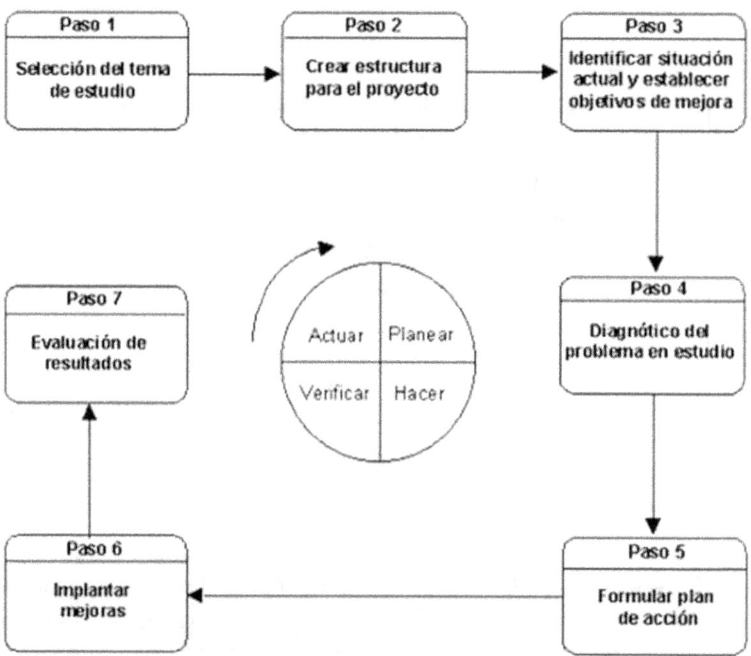

Para su implementación se debe:

- Recolectar datos.
- Analizar los datos.

- Utilizar los métodos de resolución de problemas.
- Resolver los problemas planteados.
- Controlar los resultados.

b) Eliminar pérdidas debidas a preparaciones SETUP

Trataremos en este punto el tiempo empleado en la preparación o cambio de útiles y herramientas y los ajustes necesarios en las máquinas para atender los requerimientos de la producción de un nuevo producto o variante del mismo.

Es necesario minimizar el tiempo invertido en todo ello, a continuación, comentaremos la técnica SMED (Single Minute Exchange Setting), cuyo objetivo es la ejecución de la preparación completa en la que el equipo permanece parado, en un tiempo inferior a 10 minutos (single minute = tiempo en minutos de un solo dígito).

Las operaciones de preparación de las máquinas para acometer una nueva actividad de producción, suponen un conjunto de operaciones que deben realizarse a máquina parada (MP) junto a otras que se realizan fuera de las mismas y que pueden llevarse a cabo a máquina en marcha (MM). El tiempo consumido a máquina parada es el objetivo básico de la reducción.

Dentro de este tiempo se llevan a cabo operaciones de:

- Preparación
- Montaje
- Ajuste

La clave de las técnicas SMED y sus espectaculares logros se centran en solapar tres tipos de acciones:

Minimizar la cantidad de operaciones a MP y convertir la mayor cantidad de estas que sean posibles en operaciones a MM. Así por ejemplo se puede determinar qué herramientas deberán utilizarse para un lote nuevo de producción, recogerlas y traerlas a pie de máquina en marcha para la preparación de la nueva producción.

Reducir los tiempos de las operaciones de preparación, en especial las que se llevan a cabo a MP, las operaciones de fijación y ajuste en particular, pueden ser objeto de importantes reducciones de tiempo.

Simultanear operaciones no necesariamente secuenciales, es decir que todas aquellas operaciones que se pueden efectuar a la vez no deben esperar.

La clave estará en dividir la preparación en operaciones externas (operaciones que se realizan MM) y operaciones internas (operaciones que se hacen a MP) tratando de convertir siempre que sea posible operaciones internas en externas.

Una propuesta para reducir el tiempo invertido en los ajustes es centrarse en mejorar el mecanismo después de una preparación de máquina.

Para avanzar en el objetivo de reducir los tiempos parados puede operarse de acuerdo con las siguientes etapas:

- Identificar las razones por las que debe hacerse un ajuste.
- Determinar si el ajuste es necesario o inevitable.
- Determinar la naturaleza del ajuste y los principios en que se basa.
- Determinar las causas que han originado la necesidad del ajuste.
- Decidir si el ajuste es definitivamente evitable o no y actuar.

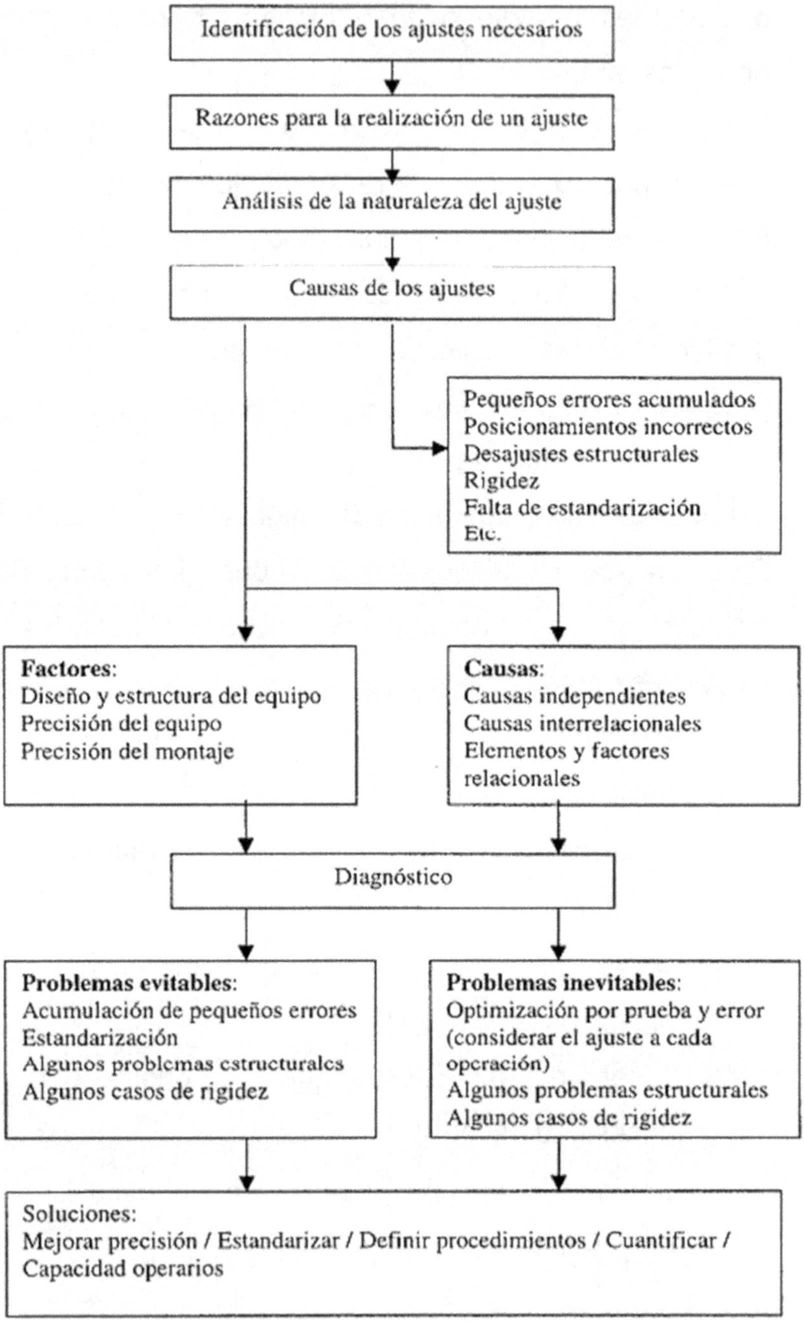

Identificación de los ajustes necesarios

↓

Razones para la realización de un ajuste

↓

Análisis de la naturaleza del ajuste

↓

Causas de los ajustes

Pequeños errores acumulados
Posicionamientos incorrectos
Desajustes estructurales
Rigidez
Falta de estandarización
Etc.

Factores:
Diseño y estructura del equipo
Precisión del equipo
Precisión del montaje

Causas:
Causas independientes
Causas interrelacionales
Elementos y factores relacionales

Diagnóstico

Problemas evitables:
Acumulación de pequeños errores
Estandarización
Algunos problemas estructurales
Algunos casos de rigidez

Problemas inevitables:
Optimización por prueba y error (considerar el ajuste a cada operación)
Algunos problemas estructurales
Algunos casos de rigidez

Soluciones:
Mejorar precisión / Estandarizar / Definir procedimientos / Cuantificar / Capacidad operarios

3) Desarrollar el mantenimiento autónomo

El TPM se integra en la filosofía de considerar los distintos departamentos como unidades autónomas, independientes e interrelacionadas y con objetivos de mejora medibles, la gestión del TPM se acercará a los principios de lo que se denomina Mantenimiento autónomo.

Cada una de las células productivas de la empresa se podrá gestionar bajo los principios del TPM con la alta dirección totalmente involucrada, pero estructuradas en grupos de trabajo con objetivos convergentes cada uno de ellos, hacia los de la alta dirección.

Con el mantenimiento autónomo incluido en el TPM, la gestión de los equipos y su mantenimiento se sitúa al nivel de los sistemas de gestión de la producción y de calidad más avanzados, eficientes y competitivos, como lo son la producción ajustada y el TQM. Para estos sistemas son primordiales la flexibilidad, la producción en series cortas, entregas cada vez más rápidas y la reducción de costos de las actividades.

En el mantenimiento autónomo el operario de producción asume tareas de mantenimiento productivo que contemplan: la limpieza, el mantenimiento preventivo de primer nivel (básico) y la de la inspección del equipo.

Propiciada por estas actividades, podrá advertir de las necesidades de mantenimiento preventivo a cargo del departamento correspondiente. Las tareas de mantenimiento autónomo se llevarán a cabo por grupos de operarios que tendrán a su cargo una o varias máquinas.

La gestión de los equipos entra en la dinámica mejorando simultáneamente los tres componentes de la competitividad:

-Calidad mejorada: si el operario productivo combina el correcto funcionamiento de su equipo con la actividad de producción obtendrá mejores productos y mayor productividad.

-Costo reducido: la ejecución de tareas de mantenimiento desde el puesto de producción, reducirá con seguridad los costos por aumento del valor añadido por persona, además con la previsión de fallos del equipo antes de que se produzcan, junto al mantenimiento diario sostenido, se evitarán problemas que redundarán indudablemente en costos.

-Tiempo reducido: la adopción del mantenimiento autónomo permite incorporar a la producción la flexibilidad, la adaptación rápida a diversos productos y la ejecución de series cortas con tiempos de preparación más rápidos, además aquí también la adecuada previsión de fallos de los equipos y su mantenimiento diario posibilitan que éste se halle rápidamente y en mayor proporción de tiempo a disposición de la producción (aumenta la disponibilidad) lo que reducirá el tiempo de proceso.

La filosofía básica del mantenimiento autónomo es que la persona que opera con un equipo productivo se ocupe de su mantenimiento.

En el siguiente cuadro veremos la distribución lógica de responsabilidades de mantenimiento y mejoras entre el personal operativo y el de mantenimiento.

Como podrá apreciarse es en limpieza y mantenimiento diario donde podemos implantar la mayor cantidad de actividades de mantenimiento autónomo.

Actividad	Mantenimiento / Mejora	Personal Producción	Personal Mantenimiento
Producción	Preparación y ajuste	•	
	Operación	•	
Mantenimiento autónomo	Limpieza	•	
	Engrase	•	
	Aprietes mecánicos	•	
	Otros diarios	•	
Mantenimiento preventivo	Inspecciones y comprobaciones	•	•
	Actividades periódicas de mantenimiento		•
Mantenimiento correctivo	Averías reparables desde puesto De trabajo	•	
	Averías no reparables desde el puesto de trabajo		•
Mejoras	Operativas	•	•
	Automatización y calidad		•
	Chequeos y concepción global		•

Se deben definir las operaciones de primer nivel a realizar sistemáticamente por el personal de fabricación.

Las operaciones típicas de este nivel pueden dividirse en dos grandes grupos:

Higienización (se sugiere la aplicación del método de las "5S").

Vigilancia, reglajes de elementos de máquina y útiles, reparación.

Higienización: Limpieza del entorno (suelo sin piezas, sin restos de embalajes, orden en elementos de manutención, etc.) y limpieza de elementos delicados (detectores, fotodetectores, barreras luminosas, órganos de seguridad, elementos estructurales de máquina, etc.). Para realizar estas tareas en forma ordenada y siguiendo una metodología es conveniente tomar herramientas de la Estrategia de las "5S", que se basa en:

Clasificar (Seiri), orden (Seiton), limpieza (Seiso), limpieza estandarizada (Seiketsu), disciplina (Shitsuke), metodología que desarrollaremos muy básicamente más adelante.

Vigilancia: manómetros, caudalímetros, voltímetros, amperímetros, termómetros, indicadores y relojes varios, niveles de fluidos, calentamientos atípicos, vibraciones y ruidos.

Reglajes de elementos de máquina y útiles: reaprietes, reposiciones o recambios sencillos, pequeños ajustes, engrases diversos, etc.

Reparación: cambio de elementos normalizados, fugas de agua o aire, iniciación de ciclos automáticos, colocación de elementos poka-yoke (sistema a prueba de errores), etc.

Ejemplo de aplicación de sistema poka-yoke

En esta diapositiva se muestra un sistema de poka-yoke, de pulsadores del tipo de comandos dobles, asegurando en este caso el proceso.

Se debe establecer una situación de referencia para cada una de las máquinas y establecer las desviaciones entre esta situación de referencia y lo que se constata.

Las operaciones de primer nivel a realizar sistemáticamente por los operarios de la línea se dividirán en tres grupos: neumáticas, mecánicas y eléctricas.

1. Neumáticas:

- Realizar una revisión periódica del sistema FRL.
- Cambio de filtro, recuperador y lubricante del sistema FRL.
- Identificar pérdidas de aire en los circuitos neumáticos.

- Revisión periódica en las válvulas para identificar los fallos potenciales.

- Observación sobre los actuadores lineales con el objeto de descubrir posibles funcionamientos incorrectos, como por ejemplo fallos en los retenes, y realizar reposiciones o recambios sencillos

2. Mecánicas:

- Verificar los niveles de aceite y realizar la lubricación correspondiente en los motores y motorreductores.

- Comprobar periódicamente el estado de las uniones de las cadenas para realizar los cambios antes de que ocurra el fallo.

- Realizar una verificación del estado de la cinta para hacer los recambios o reajustes correspondientes.

- Lubricación de rodamientos e identificación del mal funcionamiento de los mismos.

3. Eléctricas:

- Realizar limpieza periódica de sensores inductivos y evitar posibles disfuncionamientos.

- Efectuar una higienización periódica en los fotodetectores para eliminar fallos potenciales

- Revisar el estado de los cables con el objeto de realizar los recambios o reposiciones, para evitar falsos contactos por desgastes de los mismos.

- No se trata en ningún caso, de una simple transferencia de actividad del mantenimiento a la explotación.

Debe aplicar sistemáticamente el control de un tablero de comando con:

- Indicadores de seguimiento del rendimiento.

- Indicadores significativos de las pérdidas de producción.

- Es conveniente realizar un Chesk List para ordenar las operaciones de primer nivel a realizar sistemáticamente por los operarios de la línea.

Chek List

El Chesk List es un listado personal realizado por el operario, en donde se establecen acciones de control sobre el equipo.

Luego para lograr una mejor ubicación de los puntos a controlar y/o mantener es conveniente realizar un tablero como muestra el ejemplo de la planilla.

REGISTRO DE MANTENIMIENTO DEL OPERADOR

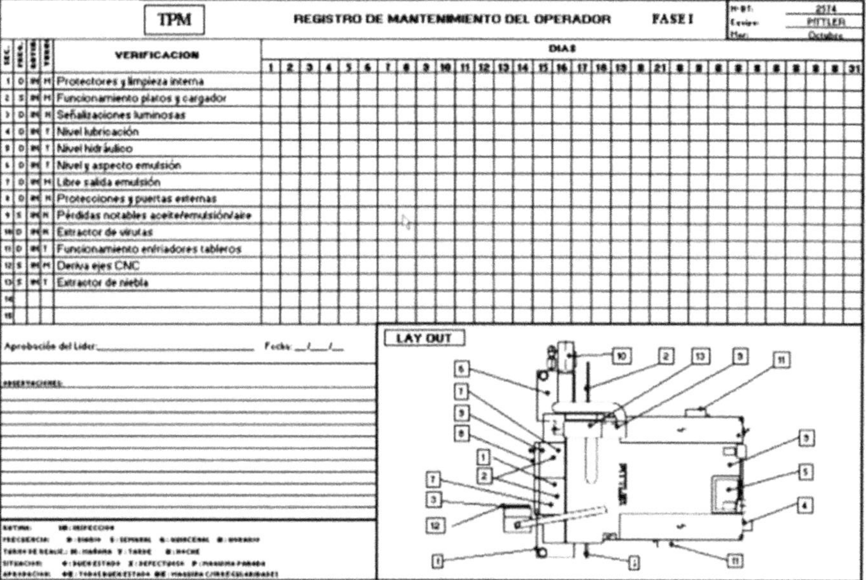

REGISTRO DE MANTENIMIENTO DEL OPERADOR — FASE I

N°BT: 2174 Equipo: PITTLER Mes: Octubre

SEC.	FREC.	GESTION	TURNO	VERIFICACION	1	2	3	4	5	6	7	8	9	10	11	12	13	14	15	16	17	18	19	20	21	22	23	24	25	26	27	28	29	30	31
1	D	M	M	Protectores y limpieza interna																															
2	S	M	M	Funcionamiento platos y cargador																															
3	D	M	M	Señalizaciones luminosas																															
4	D	M	T	Nivel lubricación																															
5	D	M	T	Nivel hidráulico																															
6	D	M	T	Nivel y aspecto emulsión																															
7	D	M	M	Libre salida emulsión																															
8	D	M	M	Protecciones y puertas externas																															
9	S	M	N	Pérdidas notables aceite/emulsión/aire																															
10	D	M	M	Extractor de virutas																															
11	D	M	T	Funcionamiento enfriadores tableros																															
12	S	M	M	Deriva ejes CNC																															
13	S	M	T	Extractor de niebla																															
14																																			
15																																			

Aprobación del Líder: _______________________   Fecha: __/__/__

OBSERVACIONES:

RUTINA: IB: INSPECCIÓN
FRECUENCIA: D: DIARIO   S: SEMANAL   Q: QUINCENAL   H: HORARIO
TURNO DE REALIZ.: M: MAÑANA   T: TARDE   N: NOCHE
SITUACIÓN: +: BUEN ESTADO   X: DEFECTUOSO   P: MÁQUINA PARADA
APROBACIÓN: ++: TODO EN BUEN ESTADO   +/-: MÁQUINA C/IRREGULARIDADES

También es conveniente para individualizar y diferenciar las tareas a realizar por el operario (mantenimiento autónomo) de las pendientes para el departamento mantenimiento, implementar una serie de tarjetas.

El siguiente es un ejemplo de confección de tarjetas:

AZUL FALLAS QUE PUEDEN SER REPARADAS SIN AYUDA DE MANTENIMIENTO		ROJO FALLAS QUE NECESITAN AYUDA DE MANTENIMIENTO
1)	EL OPERADOR DESCUBRE LA FALLA	
2)	COMPLETA FORMULARIO	
3)	ORIGINAL: EN EL TABLERO TPM	
4)	COPIA: FIJAR EN EL LUGAR DEL PROBLEMA	
5)		AVISO A MANTENIMIENTO CON FORMULARIO ACTUAL
6)	REPARACIÓN	REPARACION
7)	INDICAR EN COPIA EL TRABAJO REALIZADO (Dorso)	
8)	ARCHIVAR COPIA EN EL TABLERO TPM (Original puede destruirse)	

Como ejemplos citamos la siguiente imagen:

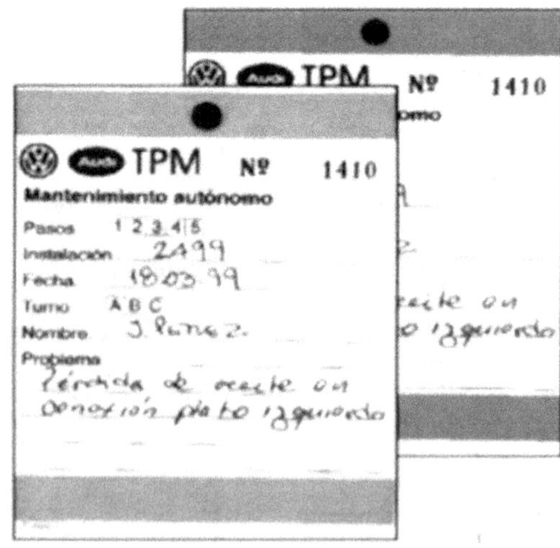

Desarrollar/optimizar el mantenimiento programado

El objetivo de esta etapa es definir y aplicar/optimizar los contenidos técnicos precisos de mantenimiento para:

- Cubrir las zonas no tratadas por el mantenimiento autónomo.
- Asegurar el mantenimiento del estado de los equipos.
- Administrar la revisión de las gamas de preventivo a lo largo de la vida de explotación del medio.
- Debemos hacer notar que es muy necesaria la realización de este último punto para el mantenimiento preventivo.
- Esta etapa se desarrolla/optimiza en el seno de los servicios técnicos de mantenimiento.
- El contenido de revisión del mantenimiento preventivo se apoya sobre: la documentación y recomendación de proveedores, análisis de las fallas reales y fallas potenciales.

Perpetuidad

En esta última fase se ubican las tres últimas etapas del TPM:

Mejorar la técnica

La finalidad de esta etapa es consolidar y perpetuar lo adquirido mediante el perfeccionamiento continuo del personal de explotación y mantenimiento.

Esta etapa tiende a la profesionalización de los protagonistas operativos, y la necesidad de estructurar los planes de formación.

Integrar experiencias en la concepción de nuevas máquinas

Esta etapa tiene como objetivo aplicar las mejoras continuas realizadas en los medios de producción en la concepción de los nuevos equipos y concierne a las funciones de mantenimiento, fabricación y métodos.

Siendo su finalidad

Encarar estudios de modificaciones de concepción del medio existente en función de los problemas identificados en el curso de las fases precedentes. Estas nuevas modificaciones parten desde el estado de referencia y en dirección a una mejor performance, tiempos de ciclo, mantenibilidad (o tiempo entre dos fallas), fiabilidad (cantidad de fallas medidas en el tiempo).

Poner a disposición permanente del constructor de medios las informaciones útiles a las fallas a prevenir en las nuevas instalaciones que deberá corregir antes que arriben a las áreas.

Validar el TPM

El objetivo de esta etapa es certificar el trabajo positivo realizado por los equipos actuantes y distinguir a sus actores. Identificar claramente un estado de performance y de funcionamiento de la organización, de fabricación y de mantenimiento, que deberán ser conservadas en el tiempo.

Se realizarán auditorias periódicamente por la dirección superior de la empresa. Se analizan los resultados en términos del grado de logro de los objetivos propuestos, así como los avances de la implementación. En el caso que sea necesario se tomarán acciones correctivas sobre los puntos débiles de la gestión.

Estrategia de las 5S

Se llama estrategia de las 5S porque representan acciones que son principios expresados con cinco palabras japonesas que comienzan con S. Cada palabra tiene un significado importante para la creación de un lugar digno y seguro donde trabajar. *Estas cinco palabras son:*

- Clasificar (Seiri).
- Orden (Seiton).
- Limpieza (Seiso).
- Limpieza Estandarizada (Seiketsu).
- Disciplina (Shitsuke).

Las cinco "S" son el fundamento del modelo de productividad industrial creado en Japón y hoy aplicado en empresas occidentales.

El siguiente es un diagrama que muestra la relación de las 5S y sus beneficios.

1. Seiri - clasificar

Seiri o clasificar significa eliminar del área de trabajo todos los elementos innecesarios y que no se requieren para realizar nuestra labor. Con este pensamiento eliminamos elementos que molestan, quitan espacio y estorban, ya que estos perjudican el control visual, impiden la circulación por las áreas de trabajo, inducen a cometer errores en el manejo de materias primas y en numerosas oportunidades pueden generar accidentes en el trabajo.

La primera "S" de esta estrategia aporta métodos y recomendaciones para evitar la presencia de elementos innecesarios.

El Seiri consiste en:

Separar en el sitio de trabajo las cosas que realmente sirven de las que no sirven.

Clasificar lo necesario de lo innecesario para el trabajo rutinario.

Mantener lo que necesitamos y eliminar lo excesivo.

Separar los elementos empleados de acuerdo a su naturaleza, uso, seguridad y frecuencia de utilización con el objeto de facilitar la agilidad en el trabajo.

Organizar herramientas en sitios donde los cambios se puedan realizar en el menor tiempo posible.

Eliminar información innecesaria y que nos puede conducir a errores de interpretación o de actuación.

Beneficios del Seiri

La visión completa de las áreas de trabajo permite observar el funcionamiento de los equipos, máquinas y las salidas de emergencia, logrando que el área de trabajo sea más segura.

La práctica del Seiri además de los beneficios en seguridad permite:

- Liberar espacio útil en planta y oficinas.
- Reducir los tiempos de acceso al material, documentos, herramientas y otros elementos de trabajo.
- Mejorar el control visual de stocks de repuestos y elementos de producción, carpetas con información, planos, etc.
- Eliminar las pérdidas de productos o elementos que se deterioran por permanecer un largo tiempo expuestos en un ambiente no adecuado.
- Preparar las áreas de trabajo para el desarrollo de acciones de mantenimiento autónomo, ya que se puede apreciar con facilidad los

escapes, fugas y contaminaciones existentes en los equipos.

2. Seiton - ordenar

Seiton consiste en organizar los elementos que hemos clasificado como necesarios de modo que se puedan encontrar con facilidad.

Una vez que hemos eliminado los elementos innecesarios, se define el lugar donde se deben ubicar aquellos que necesitamos con frecuencia, identificándolos para eliminar el tiempo de búsqueda y facilitar su retorno al sitio una vez utilizados.

Seiton permite:

Disponer de un sitio adecuado para cada elemento utilizado en el trabajo de rutina para facilitar su acceso y retorno al lugar.

Disponer de sitios identificados para ubicar elementos que se emplean con poca frecuencia.

Disponer de lugares para ubicar el material o elementos que no se usarán en el futuro.

En el caso de maquinaria, facilitar la identificación visual de los elementos de los equipos, sistemas de seguridad, alarmas, controles, sentidos de giro, etc.

Lograr que el equipo tenga protecciones visuales para facilitar su inspección autónoma y control de limpieza.

Identificar y marcar todos los sistemas auxiliares del proceso como tuberías, aire comprimido, combustibles.

Incrementar el conocimiento de los equipos por parte de los operadores de producción.

Beneficios del Seiton para el trabajador

Facilita el acceso rápido a elementos que se requieren para el trabajo.

Se mejora la información en el sitio de trabajo para evitar errores y acciones de riesgo potencial.

El aseo y limpieza se pueden realizar con mayor facilidad y seguridad.

La presentación y estética de la planta se mejora, comunica orden, responsabilidad y compromiso con el trabajo.

Se libera espacio.

El ambiente de trabajo es más agradable.

La seguridad se incrementa debido a la demarcación de todos los sitios de la planta y a la utilización de protecciones transparentes especialmente para los de alto riesgo.

Beneficios organizativos

- La empresa puede contar con sistemas simples de control visual de materiales y materias primas en stock de proceso.
- Eliminación de pérdidas por errores.
- Mayor cumplimiento de las órdenes de trabajo.
- El estado de los equipos se mejora y se evitan averías.
- Se conserva y utiliza el conocimiento que posee la empresa.
- Mejora de la productividad global de la planta.

3. Seiso - limpiar

Seiso significa eliminar el polvo y suciedad de todos los elementos de una fábrica. Desde el punto de vista del TPM, Seiso implica inspeccionar el equipo durante el proceso de limpieza. Se identifican problemas de escapes, averías, fallos o cualquier tipo de fuga. Esta palabra japonesa significa defecto o problema existente en el sistema productivo.

La limpieza se relaciona estrechamente con el buen funcionamiento de los equipos y la habilidad para producir artículos de calidad. La limpieza implica no únicamente mantener los equipos dentro de una estética agradable permanentemente, Seiso implica un pensamiento superior a limpiar. Exige que realicemos un trabajo creativo de identificación de las fuentes de suciedad y contaminación para tomar acciones de raíz para su eliminación, de lo contrario, sería imposible mantener limpio y en buen estado el área de trabajo. Se trata de evitar que la suciedad, el polvo, y las limaduras se acumulen en el lugar de trabajo.

Para aplicar Seiso se debe:

Integrar la limpieza como parte del trabajo diario.

Asumirse la limpieza como una actividad de mantenimiento autónomo: "La limpieza es inspección".

Eliminar la distinción entre operario de proceso, operario de limpieza y técnico de mantenimiento.

El trabajo de limpieza como inspección genera conocimiento sobre el equipo.

No se trata únicamente de eliminar la suciedad. Se debe elevar la acción de limpieza a la búsqueda de las fuentes de contaminación con el objeto de eliminar sus causas primarias.

Beneficios del Seiso

- Reduce el riesgo potencial de que se produzcan accidentes.
- Mejora el bienestar físico y mental del trabajador.
- Se incrementa la vida útil del equipo al evitar su deterioro por contaminación y suciedad.
- Las averías se pueden identificar más fácilmente cuando el equipo se encuentra en estado óptimo de limpieza.
- La limpieza conduce a un aumento significativo de la Efectividad Global del Equipo.
- Se reducen los despilfarros de materiales y energía debido a la eliminación de fugas y escapes.
- La calidad del producto se mejora y se evitan las pérdidas por suciedad y contaminación del producto y empaque.

4. Seiketsu - estandarizar

Seiketsu es la metodología que nos permite mantener los logros alcanzados con la aplicación de las tres primeras "S". Si no existe un proceso para conservar los logros, es posible que el lugar de trabajo nuevamente llegue a tener elementos innecesarios y se pierda la limpieza alcanzada con nuestras acciones.

Seiketsu implica elaborar estándares de limpieza y de inspección para realizar acciones de autocontrol permanente. "Nosotros debemos preparar estándares para nosotros". Cuando los estándares son impuestos, estos no se cumplen satisfactoriamente, en comparación con aquellos que desarrollamos gracias a un proceso de formación previo.

Desde décadas conocemos el principio escrito en numerosas compañías y que se debe cumplir cuando se finaliza un turno de trabajo: "Dejaremos el sitio de trabajo limpio como lo encontramos". Este tipo de frases sin un correcto entrenamiento de estandarización y sin el espacio para que podamos realizarlos, difícilmente logran comprometer al empleado en su cumplimiento.

Seiketsu o estandarización pretende...

Mantener el estado de limpieza alcanzado con las tres primeras S.

Enseñar al operario a realizar normas con el apoyo de la dirección y un adecuado entrenamiento.

Las normas deben contener los elementos necesarios para realizar el trabajo de limpieza, tiempo empleado, medidas de seguridad a tener en cuenta y procedimiento a seguir en caso de identificar algo anormal.

En lo posible se deben emplear fotografías de cómo se debe mantener el equipo y las zonas de cuidado.

El empleo de los estándares se debe auditar para verificar su cumplimiento.

Las normas de limpieza, lubricación y aprietes son la base del mantenimiento autónomo.

Beneficios del Seiketsu

- Se mejora el bienestar del personal al crear un hábito de conservar impecable el sitio de trabajo en forma permanente.

- Los operarios aprenden a conocer en profundidad el equipo.

- Se evitan errores en la limpieza que puedan conducir a accidentes o riesgos laborales innecesarios.

- La dirección se compromete más en el mantenimiento de las áreas de trabajo al intervenir en la aprobación y promoción de los estándares.

- Los tiempos de intervención se mejoran y se incrementa la productividad de la planta.

5. Shitsuke - disciplina

Shitsuke o Disciplina significa convertir en hábito el empleo y utilización de los métodos establecidos y estandarizados para la limpieza en el lugar de trabajo. Podremos obtener los beneficios alcanzados con las primeras "S" por largo tiempo si se logra crear un ambiente de respeto a las normas y estándares establecidos.

Las cuatro "S" anteriores se pueden implantar sin dificultad si en los lugares de trabajo se mantiene la Disciplina. Su aplicación nos garantiza que la seguridad será permanente, la productividad se mejore progresivamente y la calidad de los productos sea excelente.

Shitsuke implica un desarrollo de la cultura del autocontrol dentro de la empresa. Si la dirección de la empresa estimula que cada uno de los integrantes aplique el Ciclo Deming en cada una de las actividades diarias, es muy seguro que la práctica del Shitsuke no tenga ninguna dificultad.

El Shitsuke es el puente entre las 5S y el concepto Kaizen o de mejora continua. Los hábitos desarrollados con la práctica del ciclo PHVA se constituyen en un buen modelo para lograr que la disciplina sea un valor fundamental en la forma de realizar un trabajo.

Shitsuke implica

El respeto de las normas y estándares establecidas para conservar el sitio de trabajo impecable.

Realizar un control personal y el respeto por las normas que regulan el funcionamiento de una organización.

Promover el hábito de autocontrolar o reflexionar sobre el nivel de cumplimiento de las normas establecidas.

Comprender la importancia del respeto por los demás y por las normas en las que el trabajador seguramente ha participado directa o indirectamente en su elaboración.

Beneficios del Shitsuke

- Se crea una cultura de sensibilidad, respeto y cuidado de los recursos de la empresa.

- La disciplina es una forma de cambiar hábitos.

- Se siguen los estándares establecidos y existe una mayor sensibilización y respeto entre personas.

- La moral en el trabajo se incrementa.

- El sitio de trabajo será un lugar donde realmente sea atractivo llegar cada día.

Algunas empresas aparte de aplicar estas 5S ya vistas, complementan la aplicación del sistema con la filosofía de otras 4S que a continuación se detallan:

6. Shikari - constancia

Es la capacidad de una persona para mantenerse firmemente en una línea de acción. La voluntad de lograr una meta.

Existe una palabra japonesa "konyo" que en castellano traduce algo similar a la entereza o el estado de espíritu necesario para continuar en una dirección hasta lograr las metas.

La constancia en una actividad, mente positiva para el desarrollo de hábitos y lucha por alcanzar un objetivo. Todo esto es Shikari.

7. Shitsukoku - compromiso

Es cumplir con lo pactado. Los procesos de conversación generan compromiso. Cuando se empeña la palabra se hace todo el esfuerzo por cumplir. Es una ética que se desarrolla en los lugares de trabajo a partir de una alta moral personal.

Algunas personas logran ser disciplinadas y constantes (5ª S y 6ª S). Sin embargo, es posible que las personas no estén totalmente comprometidas con la tarea.

Shitsukoku significa perseverancia para el logro de algo, pero esa perseverancia nace del convencimiento y entendimiento de que el fin buscado es necesario, útil y urgente para la persona y para toda la sociedad.

8. Seishoo - coordinación

Esta S tiene que ver con la capacidad de realizar un trabajo con método y teniendo en cuenta a las demás personas que integran el equipo de trabajo. Busca aglutinar los esfuerzos para el logro de un objetivo establecido. Se trata de lograr que los músicos de una orquesta logren la mejor interpretación para el público, donde los instrumentos principales y secundarios actúan bajo una sincronización perfecta de acuerdo a un orden establecido en la partitura.

Esto mismo debe ser el trabajo en una empresa. Los equipos deben tener métodos de trabajo, de coordinación y un plan para que no quede en lo posible nada a la suerte o sorpresa. Los resultados finales serán los mejores para cada actor en el trabajo y para la empresa.

9. Seido - sincronización

Para mantener el ritmo de la interpretación musical, debe existir una partitura. En el trabajo debe existir un plan, normas específicas que indiquen lo que cada persona debe realizar. Los procedimientos y estándares ayudarán a armonizar el trabajo. Seido implica normalizar el trabajo.

Una vez implementada las 5S en la fábrica se debería ver similar a esta.

Ejercicio problemas propuestos

1) Defina TPM.

2) Indique cuál es el objetivo principal del TPM.

3) Explique cuáles son las fases del TPM.

4) ¿Cuál es la utilidad del Chek List?

5) ¿En qué se centran las técnicas de SMED?

6) ¿Qué son las 5S?

7) Describa en forma resumida cada una de las etapas de las 5S.

8) ¿Cómo se minimizan las perdidas debidas al SETUP?

Anexo: Uso y aplicación de la grasa

El mecánico o ingeniero de una planta o taller mira las grasas en el mercado y tiene que decidir cuál es la correcta para su aplicación. Típicamente durante años ha escuchado valores como color, o tal vez un nombre o una marca como buena, pero esto no quiere decir que es buena para su aplicación particular. Estos mitos son entendibles si miramos de dónde vienen.

Hay gente aquí que cree en una grasa específica nacional porque en la época que no se podía importar otras grasas, ese color o nombre era el mejor de los que había. Hoy en día comparamos esa grasa con otras en el mercado y la mitad de ellas no llegan a tener un comportamiento efectivo.

También hay gente que alguna vez observó dos o tres grasas en alguna aplicación y la de color azul resultó mejor en esa aplicación. Creen que eso quiere decir que todas las grasas azules son los mejores para todas las aplicaciones.

Siempre hay consultas de gente que cree que subiendo el número de la grasa de 1 a 2 o 2 a 3 se sube el punto de goteo o la temperatura operacional. Otra de las preguntas más frecuentes es sobre las "ventajas" de adicionar grasa al aceite, o el cambio de aceite a grasa en un cojinete, ya que han visto algunos cojinetes con grasa y otros con aceite.

La fabricación de la grasa

Para entender las diferencias, es importante entender el propósito de una grasa, las diferentes formulaciones de las grasas y el propósito de los ingredientes.

El propósito de la grasa

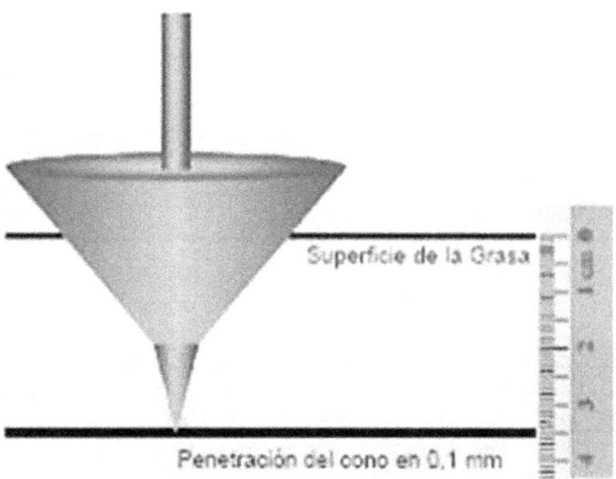

Grasas son lubricantes que tienen que quedar en su lugar, manteniendo un aceite disponible para cuando una pieza (cojinete, rodamiento, eje, etc.) lo requiere. Para esto podemos considerar que es como aceite en una esponja. La esponja saturada por aceite está sentada en el cojinete o su mazo esperando que la pieza chupe el aceite que necesite. La grasa tiene que ser resistente a las fuerzas de gravedad, fuerzas centrífugas, presiones, etc. En este sentido es muy diferente a un aceite, el cual tendría que ser demasiado espeso para mantenerse en su lugar. La dureza de la grasa se llama consistencia, y es medida por un péndulo que se coloca sobre la grasa para medir cuanto penetra. Entre más penetra, más bajo el número NLGI. (National Lubricating Grease Institute). Para esta prueba se mide la penetración en décimos de milímetros.

Grado NLGI	PENETRACIÓN: Cono de 150 g Grasa a 25°C (0.1 mm)	Características
000	445 – 475	Semi Líquida
00	400 – 430	Semi Líquida
0	355 – 385	Semi Líquida
1	310 – 340	Muy Blanda
2	265 – 295	**Blanda** (Autos, Camiones, Industria, etc.)
3	220 – 250	Liviana
4	175 – 205	Mediana
5	130 – 160	Pesada
6	85 – 115	Bloque

En la tabla pueden ver que una grasa donde el cono o el péndulo penetra 410 mm a la grasa, se califica como grasa NLGI # 00. Si apenas penetra 240 mm, se clasifica como grasa NLGI #3.

La consistencia de la grasa no tiene nada que ver con la viscosidad del aceite que contiene. Es posible, y muy común, fabricar grasas de consistencia NLGI #000 (semilíquida) con aceites espesos (ISO 320) y grasas NGLI #3 con aceite delgado (ISO 25). En muchos casos la única diferencia entre el número 0 y el número 3 en la misma grasa de la misma marca es la cantidad de esponja (espesante) que contiene.

Estos términos son los de la industria. Cuando escuchamos "grasa dura", frecuentemente se refiere a una grasa número 3, ya que poca gente conoce las de consistencia NLGI #4, #5, y #6.

Los tres componentes de la grasa

1. Aceite: Cada grasa está formulada con una viscosidad y tipo de aceite que le dará las características de lubricación hidrodinámica deseadas.

a. La Viscosidad del aceite básico dependerá de la velocidad y área de contacto de los cojinetes o rodamientos que debería proteger. Tal como aceites para reductores, se selecciona la viscosidad del aceite básico de la grasa.

b. La Calidad del aceite básico dependerá de la frecuencia de engrase requerida o el precio que quieren cobrar por la grasa. Puede ser aceite napthénico, parafínico, API grupo I, API grupo II o sintético. Entre más alta la calidad del aceite básico, más resistencia a la oxidación y menor frecuencia de re-engrase.

2. Espesante (esponja o jabón): El espesante utilizado depende del tipo de trabajo requerido, las temperaturas operacionales, la presencia o ausencia de agua, u otros factores.

a. Grasas de sodio son baratas, pero no resistan agua.

b. Grasas de calcio son baratas, pero no resisten calor ni velocidad.

c. Grasas de litio simple son un poco más caras y parcialmente resistentes al agua, temperatura y velocidad.

La selección y diagnóstico de grasa

d. Grasas de Complejos de Litio son más caras, pero mucho más resistentes al lavado por agua y goteo por temperatura, mientras resisten mucha más velocidad sin volar.

e. Grasas de Arcilla son similares en costo al complejo de litio, pero no tienen punto de goteo. No derriten. Tampoco se lavan con agua. Son ideales para altas temperaturas y condiciones mojadas. Pero tienen limitaciones en altas revoluciones.

f. Grasas de Polyurea son más caras que estas otras, típicamente son similares al complejo de litio en resistencia al agua y temperatura, pero mucho más resistente a altas revoluciones.

3. Aditivos: Normalmente una grasa tendrá aditivos para mejorar su comportamiento.

a. Antioxidantes para evitar su oxidación y descomposición.

b. Extrema Presión: Aditivos similares a los que encontramos en aceites de extrema presión o polares para antidesgaste (AW) como se usa en aceites hidráulicos para reducir el desgaste. También pueden tener molibdeno o grafito para mejorar sus características de fricción en cojinetes y superficies deslizantes.

c. Anticorrosivos: Aditivos polares que cubren las superficies y las protegen contra herrumbre o corrosión.

d. Pegajosidad: Algunas grasas tienen aditivos para mejorar su adherencia.

Definiciones prácticas en el mercado

Las grasas "multiuso" normalmente son formuladas con aceite básico entre ISO 150 e ISO 220, ya que esta es la viscosidad más común para los diseños típicos de reductores y rodamientos.

Las grasas "multiuso" pueden tener aditivos o no. Solamente la ficha técnica y el precio indicará la protección que provee.

La "grasa para chasis" no tiene una especificación técnica ni requerimiento en términos generales. En algunas marcas tendrá aditivos EP, en otras no.

La "grasa para rodamientos" tampoco tiene una especificación técnica.

El vendedor debería preguntar "¿Qué rodamientos?" "¿Cuántas rpm?" "¿Qué temperatura?" "¿Dónde se aplica y cómo?"

La "grasa azul" o "grasa roja" tampoco tiene especificación técnica.

Es un colorante que cada marca pone a sus grasas para facilitar el uso en una planta, identificando sus grasas.

Observamos una licitación del gobierno buscando "grasa gruesa".

Mientras esto demuestra la falta de educación de parte del funcionario, no tiene ninguna característica técnica.

¿Grasa o Aceite?
Algunos cojinetes o reductores son lubricados por aceite mientras otros son lubricados por grasa. Hay ventajas y desventajas de ambos.

Cuando pensamos en convertir un sistema de grasa a aceite, tenemos que volver a mirar la viscosidad del aceite básico de la grasa.

Diagnosis de problemas de grasas

Ventajas de grasa	Desventajas de grasa
Se queda en su lugar sin chorrear	No siempre llegan donde se Requiere lubricación
Sellan contra contaminantes	No limpian o eliminan partículas De desgaste
No requieren sistemas de circulación	No enfrían
Reducen la suciedad por goteo, perdida o salpicado	No pueden ser usadas a las altas Velocidades que se puede lubricar con aceite
Mantiene aditivos en suspensión fácilmente	
Apropiado para sistemas intermitentes	
Operan bajo condiciones extremas	
Amortiguan los sonidos	
Sellan por vida	
Típicamente consumen menos energía	

Esta tabla indica problemas y posibles causas. Cuando refiere al "tipo de grasa", no quiere decir "marca de grasa. Cada marca tiene varios tipos de grasa.

Aplicación	Síntoma	Posibles Causas	Revisar
Contacto rodante (Rodamiento de bola, barril, etc.)	Sonidos	Condiciones del rodamiento	Rodamiento gastado o dañado
	Alta temperatura del rodamiento	Exceso de grasa	Demasiado frecuente el reengrase Excesiva cantidad de grasa al reengrasar.
		Falta de grasa	Insuficiente frecuencia de reengr .
		Grasa incorrecta	Viscosidad del aceite básico inco cta. Falta de aditivos EP.
	Excesiva pérdida o goteo	Sellos dañados	Daños por vibraciones, alineamie o o mala instalación.
		Exceso de grasa	Demasiado frecuente el reengrase Excesiva cantidad de grasa al reengrasar.
		Grasa incorrecta	Grasa demasiada baja en consiste ia para la aplicación.
		Incompatibilidad de grasas	Mezcla de grasas con diferentes espesantes.
	Reemplazo frecuente del rodamiento	Desgaste excesivo	Insuficiente protección EP, falta de grasa, contaminación, tierra, corrosión. Grasa de consistencia muy alta causando canalización.
		Alta temperatura	Altas temperaturas operacionales
		Mal alineado	Corregir alineamiento.

Propiedades	Calcio	Sodio	Litio	Complejo de Calcio	Complejo de Litio	Polyurea	Arcilla
Temperatura Máxima Operacional	80°C	120°C	120°C	130°C	160°C	180°C	200°C
Punto de Goteo	90°C	190°C	190°C	>300°C	280°C	>300°C	>300°C
Condiciones Húmedas	Si	No	Si	Si	Si	Si	Si
Velocidad Máxima	Moderada	Alta	Muy Alta	Alta	Muy Alta	Muy Alta	Alta
Costo	Bajo	Bajo	Mediano	Mediano/Alto	Alto	Muy Alto	Alto

Propiedades de diferentes espesantes (tipos de grasa)

Notamos en la tabla que frecuentemente el problema es el "tipo de grasa".

Aquí podemos ver los tipos más comunes y sus características.

Existen variaciones entre marcas por su composición específica y proceso de fabricación.

Recomendaciones

El uso de una grasa que no dice EP en la etiqueta es como el uso de aceite SA o aceite reciclado sin aditivos en el motor.

Las recomendaciones de grasas normalmente no son muy específicas. Cuando el catálogo dice que use "Grasa #2", hay que hacer el trabajo que debía haber hecho la fábrica y determinar la mejor grasa por características y pruebas. Hay que tomar el tiempo para entender la operación del equipo y las fichas técnicas de los productos.

Cuando un catálogo recomienda una grasa por nombre y marca, hay que buscar las calidades de esa grasa para ver el equivalente en la marca que prefiere, si es que hay. Su proveedor debería poder ayudarle a descifrar las fichas, pero tenga cuidado en revisar sus fichas para verificar lo que dice. Algunos dirán cualquier cosa para conseguir la venta.

Al escoger las grasas para una planta, se debe tratar de reducir la cantidad de productos para reducir errores, tomando en cuenta:

Al revisar la ficha técnica de una grasa, busque la viscosidad del aceite básico.

El aceite básico de la grasa debería ser lo que se usaría si la lubricación fuera por aceite.

- Más rpm, menos viscosidad del aceite básico.

- Menos rpm, más viscosidad del aceite básico.

- Más carga, más viscosidad del aceite básico.

- Menos carga, menos viscosidad del aceite básico.

Es muy común encontrar equipo de alta carga y bajas revoluciones que utiliza grasa NLGI #0 o 1 (blanda) formulada con aceite básico ISO 320 o 460 (bien viscoso).

También es común encontrar equipo de altas revoluciones que utiliza grasa NLGI #3 (liviana o semidura) formulado con aceite básico ISO 100 (poca viscosidad).

Selecciona el espesante (esponja) de acuerdo a la aplicación y condiciones de trabajo.

Selecciona la consistencia (cantidad de espesante) de acuerdo a las recomendaciones de la fábrica. Lo más común es #2, pero mayores revoluciones puede necesitar #3.

Selecciona la protección Timken de acuerdo a las cargas del equipo. Normalmente puede encontrar una variación entre 0 libras a 75 libras (0 a 34 Kg.).

Las grasas son formuladas para los usos recomendados y las buenas son homogenizadas. La adición de otro aceite puede causar problemas de compatibilidad entre aditivos y por no ser homogenizado, será expulsado de la grasa rápidamente.

Los puntos críticos para revisar al escoger la grasa son:

- Consistencia NLGI
- Viscosidad del aceite básico
- Aditivos EP (protección Timken)
- Resistencia a las temperaturas operacionales
- Resistencia a las condiciones ambientales del trabajo (humedad, gases, tierra, etc.)

Cuando está buscando una "grasa para chasis" busque el símbolo del NLGI que certifica su uso para chasis con las letras LB. Esto evitará muchos problemas de interpretación y facilitará la lectura de la ficha técnica.

Cuando está buscando una grasa para rodamientos, busque el símbolo GC-LB que indica su recomendación para rodamientos o chasis. Esta recomendación general le ayudará a cumplir con la mayoría de sus requerimientos.

Glosario Mecatrónica

Abrasión: Desgaste de la superficie, producido por rayado continuo, usualmente debido a la presencia de materiales extraños, o partículas metálicas en el lubricante. Esto puede también causar la rotura o resquebrajamiento del material (como en las superficies de los dientes de los engranes). También la falta de una adecuada lubricación puede dar como resultado la abrasión.

Aceite: La base fluida, usualmente un producto refinado del petróleo o material sintético, en el que los aditivos son mezclados para producir lubricantes terminados.

Acero: Metal formado a base de hierro y aleado con carbono en una proporción entre el 0,03% y el 2%. El acero dulce se caracteriza por ser muy maleable (con gran capacidad de deformación) y tener una concentración de carbono inferior al 0,2%. Por encima de esta proporción de carbono, el acero se vuelve más duro, pero más frágil.

Actuadores: Se denominan a aquellos elementos que pueden provocar un efecto sobre un proceso automatizado como por ejemplo un motor. Es decir, actúa sobre el sistema en respuesta a una señal que lo solicita.

Aditivos: Elementos naturales o químicos que se añaden a un producto para añadir o potenciar alguna de sus características. Se utilizan en los lubricantes, combustibles, líquidos refrigerantes, etc.

Administración de la Producción: Diseño y gestión de sistemas productivos de bienes. Estudio del sistema de producción, del producto, localización de plantas, distribución de plantas. Planificación y control de inventarios. Planificación de la producción en lotes.

Aleación: Sustancia con propiedades metálicas compuesta por dos o más elementos químicos de los cuales al menos uno es un metal.

Alternador: Dispositivo accionado por un motor que convierte la energía mecánica en corriente eléctrica alterna. El alternador suministra energía para hacer funcionar todos los componentes eléctricos del vehículo cuando el motor está funcionando, y para la carga del acumulador o batería.

Amperio: Unidad de medida de la corriente eléctrica, que debe su nombre al físico francés André Marie Ampere, y representa el número de cargas (coulomb) por segundo que pasan por un punto de un material conductor. (1Amperio = 1 coulomb/segundo).

Análisis de Circuitos: Elementos de circuitos como resistores, capacitores e inductores. Comportamiento de circuitos. Sistemas polifásicos, entre otros.

Arco Eléctrico: Es una especie de descarga eléctrica de alta intensidad, la cual se forma entre dos electrodos en presencia de un gas a baja presión o al aire libre. Este fenómeno fue descubierto y demostrado por el químico británico Sir Humphry Davy en 1800.

Bastidor: Estructura que soporta la carrocería de un vehículo y donde se sujetan las suspensiones y demás elementos.

Batería: Acumulador de energía eléctrica por medio de un proceso químico reversible. Su función es principalmente aportar la energía necesaria para poner el motor en marcha en vehículos o máquinas.

Bobina: Arrollamiento de un cable conductor alrededor de un cilindro sólido o hueco, con lo cual y debido a la especial geometría obtiene importantes características magnéticas.

Buje: Cojinete de suspensión que acomoda el movimiento giratorio limitado y que está generalmente compuesto por dos tubos de acero coaxiales unidos por un manguito de goma.

Capacidad Analítica: Método de comprensión que enfoca el todo y lo descompone en sus elementos básicos para luego ver la relación entre ellos.

Catalizador: Dispositivo en el sistema de escape. Por lo general, contiene platino o paladio, que actúa como un catalizador en una reacción química que convierte los hidrocarburos no quemados y el monóxido de carbono en: vapor de agua, dióxido de carbono y otros gases menos tóxicos que los gases de escape no tratados.

Central de Generación Eólica: Es aquella central donde se utiliza la fuerza del viento para mover el eje de los generadores eléctricos. Por lo general puede producir desde 5 hasta 300 kW.

Central de Generación Térmica: Es aquella central donde se utiliza una turbina accionada por vapor de agua inyectado a presión para producir el movimiento del eje de los generadores eléctricos.

Central Hidroeléctrica: Es aquella central donde se aprovecha la energía producida por la caída del agua para golpear y mover el eje de los generadores eléctricos.

Circuitos Digitales: Circuitos que funcionan con 2 estados, y simulan construcciones de lógica matemática altamente complejas.

Circuitos Hidráulicos: flujo de fluidos por conductos o canales abiertos y el diseño de bombas y turbinas.

Circuitos Neumáticos: Sistemas que utilizan aire comprimido para transmitir energía o información.

Comercialización: consiste en la venta, facturación y cobro por el servicio eléctrico prestado a los consumidores finales.

Controladores Lógicos Programables: Dispositivos electrónicos posibles de programar para el control de un proceso determinado.

Corriente Eléctrica Alterna: El flujo de corriente en un circuito que varía periódicamente de sentido. Se le denota como corriente A.C. (Altern current) o C.A. (Corriente alterna).

Corriente Eléctrica Continua: El flujo de corriente en un circuito producido siempre en una dirección. Se le denota como corriente D.C. (Direct current) o C.C. (Corriente continua).

Corriente Eléctrica: Es el flujo de electricidad que pasa por un material conductor; siendo su unidad de medida el amperio. y se representan por la letra I.

Corrosión: Ataque químico y electroquímico gradual sobre un metal producido por la atmósfera, la humedad y otros agentes

Coulomb: Es la unidad básica de carga del electrón. Su nombre deriva del científico Agustín de Coulomb (1736-1806).

Diferencial: Sistema de engranajes en el conjunto de transmisión final de un vehículo que transmite torsión a las ruedas sin considerar si el vehículo se está moviendo en línea recta o si está girando. El diferencial permite que las ruedas giren a diferentes velocidades mientras proporciona una torsión uniforme. En ocasiones, pueden bloqueables para facilitar ciertas maniobras.

Diseño de Sistemas: Creación de un modelo de Sistema que trata de reproducir el comportamiento de algunos aspectos de un sistema físico o mecánico complejo.

Distribución: incluye el transporte de electricidad de bajo voltaje (generalmente entre 120 Volt. y

34.500Volt) y la actividad de suministro de la electricidad hasta los consumidores finales.

Economía: Ciencia Social que estudia los procesos de producción, intercambio, distribución y consumo de bienes y servicios.

Efecto Fotoeléctrico: Cuando se produce en un material, la liberación de partículas cargadas eléctricamente, debido a la irradiación de luz o de radiación electromagnética. Este fenómeno fue explicado por Albert Einstein en 1905 utilizando el concepto de partícula de luz o fotón.

Electricidad: Fenómeno físico resultado de la existencia e interacción de cargas eléctricas. Cuando una carga es estática, esta produce fuerzas sobre objetos en regiones adyacentes y cuando se encuentra en movimiento producirá efectos magnéticos.

Electroimán: Es la magnetización de un material, utilizando para ello la electricidad.

Emulsión: Mezcla íntima de aceite y agua, generalmente de una apariencia lechosa o nebulosa.

Energía solar: Es la energía radiante producida en el sol como resultado de reacciones de fusión nuclear; esta energía se propaga a través del espacio por las partículas llamadas fotones.

Ensayo detracción: Prueba consistente en aplicar peso o tracción a una muestra estándar, registrando los resultados a medida que el peso es mayor y la pieza acaba por romperse.

Estampación: Fabricación de piezas mediante la presión de un molde sobre una plancha de materia prima.

Filtración: El proceso físico o mecánico de separar materiales insolubles de un fluido, tal como aire o líquido, mediante la circulación del fluido a través de una media filtrante que no permite a las partículas pasar por ella.

Filtro: Un dispositivo o sustancia porosa utilizado como un colador para la limpieza de fluidos mediante la remoción de material en suspensión.

Forja: Formación de un metal en caliente bien golpeándolo, bien ejerciendo presión.

Generación de Energía: comprende la producción de energía eléctrica a través de la transformación de otro tipo de energía (mecánica, química, potencial, eólica, etc.) utilizando para ello las denominadas centrales eléctricas (termoeléctricas, hidroeléctricas, eólicas, nucleares, etc.).

Generador: Dispositivo electromecánico utilizado para convertir energía mecánica en energía eléctrica por medio de la inducción electromagnética.

Hardware: Componentes físicos de un computador.

Hertz (Hz): Medida de frecuencia, medida en ciclos por segundo.

Inducción Electromagnética: Es la creación de electricidad en un conductor, debido al movimiento de un campo magnético cerca de este o por el movimiento de él en un campo magnético.

Ingeniería de Control: Control Automático de Sistemas a través del conocimiento y manejo de señales de entrada y salida de él que informan de su comportamiento.

Ingeniería de Materiales: Comprensión, flexión, torsión, fatiga en materiales. Aplicación de cálculo en elementos de máquinas: Ejes, acoplamientos, cadenas, correas, rodamientos.

Junta (empaque) (gasket): Material comprimible, que se coloca entre dos superficies correlativas rígidas, para cubrir pequeñas irregularidades de estas, y sellarlas.

Kilovatio: Unidad de potencia del sistema internacional equivale a 1000 vatios y su abreviatura es KW.

Kilowatt: Es un múltiplo de la unidad de medida de la potencia eléctrica y representa 1000 watts.

Lectura de infinito: Lectura de un ohmímetro, que indica un circuito abierto o una resistencia infinita.

Leva: Nombre dado al mecanismo, que realiza una transformación de movimientos, calculados adecuadamente, En un árbol de levas, la función es subir, y bajar balancines.

Ley de Faraday: "Si un campo magnético variable atraviesa el interior de una espira se obtendrá en esta una corriente eléctrica".

Máquina Hidráulica: Máquina que trabaja con fluidos incompresibles, por ejemplo, el agua.

Máquina Térmica: Aquella que trabaja con fluidos compresibles, como máquinas a vapor o turbina a gas.

Máquina: Artificio o conjunto de aparatos combinados para recibir cierta forma de energía, transformarla y restituirla en otra más adecuada o para producir un efecto determinado.

Mecánica de Fluidos: Estudio del comportamiento de los fluidos tanto en Estática (sin movimiento) como Dinámica (en movimiento).

Mecánica de Sólidos: Estudia el comportamiento de los cuerpos sólidos rígidos y deformables ante diferentes tipos de situaciones como la aplicación de cargas o efectos térmicos.

Mecanizado: Proceso de fabricación con torno, fresadora u otra máquina herramienta, en el cual se construye una pieza partiendo de un bloque metálico.

Mecatrónico: Combinación de distintas ramas de la Ingeniería como la Mecánica de precisión, la Electrónica, la Informática y los Sistemas de Control orientados a analizar y diseñar procesos de manufactura automatizados y el diseño de productos.

Metalmecánica: Industria dedicada a la elaboración de productos de metal.

Métodos Numéricos: Son técnicas basadas en una secuencia de operaciones aritméticas simples para la solución de problemas matemáticos

Modelo informático: Modelo matemático de un sistema, susceptible de ser programado en un computador, para simular el comportamiento de éste.

Motor eléctrico: El motor eléctrico permite la transformación de energía eléctrica en energía mecánica, esto se logra, mediante la rotación de un campo magnético alrededor de una espira o bobinado que toma diferentes formas.

Multímetro: Un multímetro, también denominado polímetro, es un instrumento eléctrico portátil para medir directamente magnitudes eléctricas activas como corrientes y potenciales (tensiones) o pasivas como resistencias, capacidades y otras.

Neumática: Ciencia de la ingeniería perteneciente a la presión de los gases y su flujo.

Ohmio: Unidad de medida de la Resistencia Eléctrica. Y equivale a la resistencia al paso de electricidad que produce un material por el cual circula un flujo de corriente de un amperio, cuando está sometido a una diferencia de potencial de un voltio.

Piñón: El más pequeño de dos engranes en contacto. Puede ser el impulsor o el impulsado.

Potencia: Cantidad de trabajo realizada en una unidad de tiempo. La potencia de un motor se mide en caballos de vapor (CV) o en kilovatios (KW) en el sistema internacional.

Prevención: El conjunto de actividades o medidas adoptadas o previstas en todas las fases de actividad de la empresa con el fin de evitar o disminuir los riesgos derivados del trabajo.

Prototipos: Los prototipos son los primeros equipos de prueba realizados en los laboratorios de desarrollo.

Quemado: Un filamento fundido de fusible, causado por sobrecarga eléctrica.

Radiador: Elemento utilizado en los motores refrigerados por líquido para realizar el intercambio de calor entre el líquido refrigerante y la atmósfera.

Razonamiento Lógico: El que se capta a través de la observación de la realidad, o de un dibujo, o un esquema, el funcionamiento de algo, comportamiento, etc. Habilidad para analizar proposiciones o situaciones complejas, prever consecuencias y poder resolver el problema de una manera coherente.

Resistencia Eléctrica: Se define como la oposición que ofrece un cuerpo a un flujo de corriente que intente pasar a través de sí.

Retroalimentación: En el concepto de Sistema, uno o varios productos o salidas se convierten luego en entradas para repetir el ciclo del sistema.

Robótica: Técnica que aplica el diseño y empleo de aparatos que, en sustitución de personas, realizan operaciones o trabajos, por lo general en instalaciones industriales.

Rozamiento: Es la fuerza que aparece entre dos superficies con movimiento relativo entre ellas. Está en función del coeficiente de rozamiento, de la superficie en contacto y de la fuerza que presiona ambas superficies entre ellas.

Sensores: Son dispositivos que detectan manifestaciones de cualidades o de fenómenos físicos, como energía, velocidad, tamaño, cantidad, etc.

Sinterización: Proceso industrial por el cual se consigue crear piezas que son complicadas de obtener por otros procedimientos como el forjado o el mecanizado. Se basa en reducir el material base a polvo para luego comprimirlo en un molde a una determinada presión y calentarlo a una temperatura controlada.

Termodinámica: Relativo a las relaciones existentes entre los fenómenos dinámicos (movimiento) y los fenómenos caloríficos (calor).

Termostato: Mecanismo empleado en el sistema de refrigeración para controlar el caudal de líquido refrigerante que se desvía hacia el radiador. Está formado por una válvula que se acciona por temperatura.

Tierra: Comprende a toda la conexión metálica directa, sin fusibles ni protección alguna, de sección suficiente entre determinados elementos o partes de una instalación y un electrodo o grupo de electrodos enterrados en el suelo, con el objeto de conseguir que en el conjunto de instalaciones no existan diferencias potenciales peligrosas y que al mismo tiempo permita el paso a tierra de las corrientes de falla o la de descargas de origen atmosférico.

Transformador: Dispositivo utilizado para elevar o reducir el voltaje. Está formado por dos bobinas acopladas magnéticamente entre sí.

Transmisión: Comprende la interconexión, transformación y transporte de grandes bloques de electricidad, hacia los centros urbanos de distribución, a través de las redes eléctricas y en niveles de tensión que van desde 115.000 Volts, hasta 800.000 Volt.

Tranvía Eléctrico: Medio de transporte urbano similar a los vagones de ferrocarril, pero impulsado por motores alimentados con energía eléctrica.

Turbina: Máquina rotativa con la capacidad de convertir la energía cinética de un fluido en energía mecánica. Sus elementos básicos son: rotor con paletas, hélices, palas, etc. Está energía mecánica sirve para operar generadores eléctricos u otro tipo de máquinas.

Válvula: Un dispositivo que controla la dirección del fluido o la tasa de flujo.

Voltaje: La fuerza (Fuerza electromotora) que mueve electrones por un conductor. Se puede representar como la diferencia en la presión eléctrica. Un voltio mueve un amperio de corriente a través de un ohmio de resistencia.

Voltímetro: Es un instrumento utilizado para medir la diferencia de voltaje de dos puntos distintos y su conexión dentro de un circuito eléctrico es en paralelo.

Voltio: Es la unidad de fuerza que impulsa a las cargas eléctricas a que puedan moverse a través de un conductor.

Watt: Es la unidad de potencia de un elemento receptor de energía (por ejemplo, una radio, un televisor). Es la energía consumida por un elemento y se obtiene de multiplicar voltaje por corriente.

Weber: Unidad del sistema eléctrico internacional que indica el flujo magnético.

Zapatas: Piezas formadas por un soporte, que se acopla a la leva de freno, y un compuesto especial que fricciona con el elemento

Glosario Mecatrónica (inglés-español)

Assemble: Ensamblar, Montar.

Available: Disponible, ej.: que un dispositivo esté disponible en un momento determinado, para su uso.

Bolt: Bulón.

Buffer: Parachoques, amortiguador, regulador.

Buzzer: Zumbador.

Circuit: circuito.

Cloud: Nube o servicios en la nube, así se llama al procesamiento y almacenamiento masivo de datos en servidores que alojan la información del usuario. Ej.: subir un archivo a la nube.

Computer: computadora.

Conveyor belts: Cintas transportadoras.

Datasheet: Ficha de Datos.

Default: predeterminado, por defecto o preestablecido.

Development: Desarrollo. ej.: Desarrollar un programa informático.

Download: Descargar, bajar. Ej.: Bajar un archivo desde Internet.

Emitter: Emisor.

Enable: Permite ej.: en programación cuando un botón está habilitado para ser pulsado tiene la propiedad "Enable = True".

Flashing: Intermitente.

Flowchart: Diagrama de flujo.

For: "Para", esta palabra es utilizada en lenguajes de programación para ejecutar un esquema repetitivo.

Free: libre, o en algunos casos gratuito. ej.: Freeware, que hace referencia a software libre.

Forward Voltage: Caida de Voltaje.

Home Made: Hecho en casa.

IC: circuito integrado, chip o microchip.

If: "Si", palabra utilizada en lenguajes de programación en esquemas de control. ej.: if (condition).

Industrial Engineering: Ingeniería Industrial.

Input: Entrada, ("Entrada de energía; Power Input").

LDR (Light Dependent Resistor): Fotoresistor.

Loose: Flojo, Suelto.

Link: enlace, hipervínculo; puede tratarse de un texto e incluso una imagen, que, mediante un clic, permite el acceso directo a otro contenido, sea un archivo, página, sitio web u otros.

"Log in" y "Log on": Iniciar Sesión, acceder; ej.: Iniciar sesión en el sistema operativo.

Managment console: Consola administradora.

MB: (Mega Bytes), Unidad de medida empleada en informática para expresar el peso de un archivo.

Monitoring: Seguir, Monitorear.

Offline: fuera de línea, indica un estado de desconexión.

Online: en línea, se refiere al estado de conectividad de algo, ej.: cuando un sitio web está online, está disponible para el usuario.

Open-source: código abierto.

PCB: (Printed Circuit Board) "circuito impreso" o "placa de circuito impreso".

Performance: Desempeñar.

Piezo Sounder: Chicharra.

Power Supply: Fuente de alimentación.

Powerful: Potente.

Processes: Procesos.

Push Switch: Pulsador.

Range: Alcance, Gama, rango.

React: Reaccionar.

Receiver: Receptor.

Restart: reiniciar.

Run: ejecutar o correr, ejemplo: hacer correr un programa.

Screw: Tornillo.

Slide Switch: Interruptor deslizable.

Slot: Ranura donde se inserta una componente ej.: el slot de memoria de una computadora.

Socket: Enchufe o también puede ser el lugar donde se coloca el microprocesador en una placa madre.

Start up: Arrancar, iniciar ej.: iniciar el sistema operativo.

Swap: Intercambio, ej.: un tipo de partición del sistema operativo Linux, que se utiliza para almacenar algunos procesos para no saturar la memoria del sistema.

Switch: Interruptor, llave de luz.

System admin: administrador del sistema.

Then: "Entonces", palabra utilizada en lenguajes de programación luego de una condición. Ej.: If (5 > 2=True) then.

Trimmer: Resistencia o condensador variable que se ajusta con un destornillador.

Upload: cargar, subir. Ej.: subir un archivo para enviarlo por correo electrónico.

Wire: Alambre o cable.

Bibliografía

Bishop, Robert H. "The mechatronics handbook".

Beer Ferdinand P., Johnston E. Russell & Eisenberg

Blundell, A. J. "Bond graphs for modelling engineering systems".

Cellier, François E. "Continuous system modeling".

Close, Charles M. "Modeling and analysis of dynamic systems".

Craig John J. "Introduction to Robotics: Mechanics & Control".

Elliot R. "Vector Mechanics for Engineers: Statics".

Floyd, Thomas L. "Fundamentos de sistemas digitales".

Franklin, Gene F. "Feedback control of dynamic systems".

Fu K. S., González R. C. y Lee C. S. G. "Robótica: Control, detección, visión e inteligencia".

Isermann, Rolf. "Mechatronic systems".

Jamshidi, Mohammad. "Linear control systems".

Kyura, N. and Oho, H., "Mechatronics an industrial perspective,"

Lung-Wen Tsai. "Robot Analysis: The Mechanics of Serial and Parallel Manipulators".

Merlet Jean-Pierre. "Parallel Robots".

Ollero Aníbal. "Robótica: Manipuladores y robots".

R. C. Hibbeler. "Mecánica Vectorial para Ingenieros".

Spong Mark W. & Vidyasagar M. "Robot Dynamics and Control".

Mantenimiento Mecatrónico

TPM, 5S, procedimiento, control, calidad, ejercicios

Edición EMD

Primera edición

Comunidad Europea

2021

www.ingramcontent.com/pod-product-compliance
Lightning Source LLC
Chambersburg PA
CBHW061252120726

48001CB00001B/266